远方旅游 JOURNEY TO HEART

中等职业教育专业技能课教材
中等职业教育中餐烹饪专业系列教材

宴席设计实务

YANXI SHEJI SHIWU （第2版）

主　　编　刘德枢
副 主 编　李　珊　于　波
参　　编　薛志军　薄明珍　李竞赛

重庆大学出版社

内容提要

本书共分4个模块:宴席的组织及实施、宴席菜单设计及实例、宴席酒水设计、宴会服务设计。本书结构框架清晰,体系完整,深入浅出,系统描述了现代餐饮经营中宴席(酒席、酒宴)的演变与发展趋势,重点突破宴席在面向社会餐饮新形势中的挑战,开创并探索出宴席组织与实施服务过程中的设计思路、方法和要求。本书用大量的案例贯穿整个宴席的设计制作,是一本理实一体化课程指导教材。按照当前教学改革的"项目导学、任务引领"课程模式,力求将现代餐饮宴席设计的知识融入酒店实际经营业务背景中,使学生易理解、有兴趣、能操作、会实战。本书可作为岗位培训教材和烹饪爱好者的自学用书。

图书在版编目(CIP)数据

宴席设计实务 / 刘德枢主编. -- 2版. -- 重庆:
重庆大学出版社, 2022.1 (2023.8重印)
中等职业教育中餐烹饪专业系列教材
ISBN 978-7-5624-9301-3

Ⅰ.①宴… Ⅱ.①刘… Ⅲ.①宴会—设计—中等专业学校—教材 Ⅳ.①TS972.32

中国版本图书馆CIP数据核字(2021)第041836号

中等职业教育专业技能课教材
中等职业教育中餐烹饪专业系列教材
宴席设计实务
(第2版)
主　编　刘德枢
副主编　李　珊　于　波
策划编辑:史　骥
责任编辑:文　鹏　　版式设计:史　骥
责任校对:关德强　　责任印制:张　策
*
重庆大学出版社出版发行
出版人:陈晓阳
社址:重庆市沙坪坝区大学城西路21号
邮编:401331
电话:(023) 88617190　88617185(中小学)
传真:(023) 88617186　88617166
网址:http://www.cqup.com.cn
邮箱:fxk@cqup.com.cn (营销中心)
全国新华书店经销
重庆升光电力印务有限公司印刷
*
开本:787mm×1092mm　1/16　印张:10.25　字数:222千
2015年8月第1版　2022年1月第2版　2023年8月第6次印刷
印数:13 001—16 000
ISBN 978-7-5624-9301-3　定价:45.00元

中等职业教育中餐烹饪专业系列教材

主要编写学校

北京市劲松职业高级中学

北京市外事学校

上海市商贸旅游学校

上海市第二轻工业学校

广州市旅游商务职业学校

江苏旅游职业学院

扬州大学旅游烹饪学院

河北师范大学旅游学院

青岛烹饪职业学校

海南省商业学校

宁波市古林职业高级中学

云南省通海县职业高级中学

安徽省徽州学校

重庆市旅游学校

重庆商务职业学院

2012年3月19日教育部职成司印发《关于开展中等职业教育专业技能课教材选题立项工作的通知》（教职成司函〔2012〕35号），我社高度重视，根据通知精神认真组织申报，与全国40余家职教教材出版基地和有关行业出版社积极竞争。同年6月18日教育部职业教育与成人教育司致函（教职成司函〔2012〕95号）重庆大学出版社，批准重庆大学出版社立项建设中餐烹饪专业中等职业教育专业技能课教材。这一选题获批立项后，作为国家一级出版社和教育部职教教材出版基地的重庆大学出版社珍惜机会，统筹协调，主动对接全国餐饮职业教育教学指导委员会（以下简称"全国餐饮行指委"），在编写学校邀请、主编遴选、编写创新等环节认真策划，投入大量精力，扎实有序推进各项工作。

在全国餐饮行指委的大力支持和指导下，我社面向全国邀请了中等职业学校中餐烹饪专业教学标准起草专家、餐饮行指委委员和委员所在学校的烹饪专家学者、一线骨干教师，以及餐饮企业专业人士，于2013年12月在重庆召开了"中等职业教育中餐烹饪专业立项教材编写会议"，来自全国15所学校30多名校领导、餐饮行指委委员、专业主任和一线骨干教师参加了会议。会议依据《中等职业学校中餐烹饪专业教学标准》，商讨确定了25种立项教材的书名、主编人选、编写体例、样章、编写要求，以及配套电子教学资源制作等一系列事宜，启动了书稿的撰写工作。

2014年4月为解决立项教材各书编写内容交叉重复、编写体例不规范统一、编写理念偏差等问题，以及为保证本套立项教材的编写质量，我社在北京组织召开了"中等职业教育中餐烹饪专业立项教材审定会议"。会议邀请了时任全国餐饮行指委秘书长桑建先生、扬州大学旅游烹饪学院路新国教授、北京联合大学旅游学院副院长王美萍教授和北京外事学校高级教师邓柏庚组成审稿专家组对各本教材编写大纲和初稿进行了认真审定，对内容交叉重复的教材在编写内容划分、表述侧重点等方面作了明确界定，要求各门课程教材的知识内容及教学课时，要依据全国餐饮行指委研制、教育部审定的《中等职业学校中餐烹饪专业教学标准》严格执行，配套各本教材的电子教学资源坚持原创、尽量丰富，以便学校师生使用。

本套立项教材的书稿按出版计划陆续交到出版社后，我社随即安排精干力量对书稿的编辑加工、三审三校、排版印制等环节严格把关，精心安排，以保证教材的出版质量。此套立项教材第1版于2015年5月陆续出版发行，受到了全国广大职业院校师生的广泛欢迎及积极选用，产生了较好的社会影响。

在此套立项教材大部分使用4年多的基础上，为适应新时代要求，紧跟烹饪行业发展趋势和人才需求，及时将产业发展的新技术、新工艺、新规范纳入教材内容，经出版社认真研究于2020年3月整体启动了此套教材的第2版全新修订工作。第2版修订结合学校教材使用反馈情况，在立德树人、课程思政、中职教育类型特点，以及教材的校企“双元”合作开发、新形态立体化、新型活页式、工作手册式、1+X书证融通等方面做出积极探索实践，并始终坚持质量第一，内容原创优先，不断增强教材的适应性和先进性。

在本套教材的策划组织、立项申请、编写协调、修订再版等过程中，得到教育部职成司的信任、全国餐饮职业教育教学指导委员会的指导，还得到众多餐饮烹饪专家、各参编学校领导和老师们的大力支持，在此一并表示衷心感谢！我们相信此套立项教材的全新修订再版会继续得到全国中职学校烹饪专业师生的广泛欢迎，也诚恳希望各位读者多提改进意见，以便我们在今后继续修订完善。

重庆大学出版社

2021年7月

前言

（第2版）

本书是根据教育部2013年颁布的《中等职业学校烹饪专业课程设置》中选修课程“宴席菜单设计”教学基本要求，并参照有关行业的宴席设计案例及酒店服务规程编写的中等职业教育专业技能课教材。

烹饪专业人才培养的目标是为餐饮企业输送高素质、高技能的专业人才，《宴席设计实务》在编写过程中从实际出发，紧密结合酒店工作实况，结合酒店的服务、经营、管理理念，顺应专业知识的发展需求，力求做到理论知识精简、条理清晰、结构合理、循序渐进。教学体现以学生为主体的思想和以行动为导向的教学观，以具有代表性的典型案例为载体，以课程知识、能力目标为基础设计教学项目及任务，提倡项目教学、案例教学、任务教学、角色扮演、情境教学等方法，将学生的自主学习、合作学习和教师引导教学等教学组织形式有机结合。

本书计划总授课时约为30学时，机动课约为4学时。教师在具体讲授时，可根据学生基础和专业培养方向的具体要求等调整讲授内容及课时数。

本书第2版由青岛烹饪职业学校刘德枢主任担任主编，青岛市教育科学研究院李珊主任、青岛市香格里拉酒店于波餐饮总监担任副主编，青岛烹饪职业学校薛志军、薄明珍、李竞赛担任参编。具体修订工作分工如下：薄明珍负责模块1，薛志军和李竞赛负责模块2，刘德枢负责模块3、4。李珊和于波对本书进行了多次修改和文字润色。青岛酒店管理职业技术学院王建明教授、青岛旅游学校刘宇虹书记通审了全稿，青岛烹饪职业学校陈秀花、许青、张成云三位老师通过实践讲授，提出了宝贵的调整意见。本书在编写过程中，得到了青岛烹饪职业学校、青岛酒店管理职业技术学院有关领导的大力支持，在此向他们的辛勤付出表示衷心的感谢。

本书在编写过程中还借鉴了某些期刊的论述，同时参考了相关著作以及网络图片资源，在此谨向相关作者表示诚挚的感谢。

由于作者水平有限，书中难免有不足之处，诚请广大读者批评指正，以便再版时充实完善。

刘德枢
2021年6月

前言

（第1版）

本书是根据教育部2013年颁布的《中等职业学校烹饪专业课程设置》中选修课程“宴席菜单设计”教学基本要求，并参照有关行业的宴席设计案例及酒店服务规程编写的中等职业教育专业技能课教材。

烹饪专业人才培养的目标，是为餐饮企业输送高素质、高技能的专业人才。《宴席设计实务》在编写过程中，从实际出发，紧密结合酒店工作的实际情况，以及酒店的服务、经营、管理理念，顺应专业知识的发展需求，力求做到理论知识精简、条理清晰、结构合理、循序渐进。教学中体现以学生为主体的思想和以行动为导向的教学观，以具有代表性的典型案例为载体，以课程知识、能力目标为基础设计教学项目及任务，提倡项目教学、案例教学、任务教学、角色扮演、情境教学等方法，将学生的自主学习、合作学习和教师引导教学等教学组织形式有机地结合。

本书计划总授课时约为30学时，机动课约为4学时。教师在具体讲授时，可根据学生基础和专业培养方向的具体要求，调整讲授内容及课时数。

本书由山东青岛烹饪职业学校刘德枢担任主编，刘宇虹、于波担任副主编，薛志军、薄明珍、李竞赛参编。具体分工如下：薄明珍负责模块1，薛志军和李竞赛负责模块2，刘德枢负责模块3和模块4。刘宇虹和于波对本书进行了多次修改和文字润色。王建明审读了全书，并提出了宝贵意见。本书在编写过程中，得到了青岛烹饪职业学校、青岛酒店管理职业技术学院的大力支持，在此向他们表示衷心的感谢。

本书在编写过程中参考了相关著作以及网络图片资源，在此谨向相关作者表示诚挚的感谢。

由于作者水平有限，书中难免有不足之处，诚请广大读者批评指正，以便再版时充实完善。

刘德枢

2015年5月

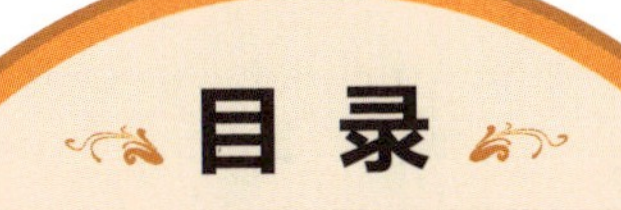

contents

模块 1　宴席的组织及实施

模块 2　宴席菜单设计及实例

目 录

contents

目 录

contents

模块1

宴席的组织及实施

【学习内容】

◇项目　宴席概述

【学习目标】

◇掌握宴席的基本理论及简史、宴席的种类、宴席的发展趋势。

项目

宴席概述

【项目导学】

- 任务 1　宴席概述及发展简史
- 任务 2　宴席分类
- 任务 3　宴席的发展趋势及要求

【项目要求】

- 了解宴席的概念及发展简史
- 掌握通用宴席种类
- 了解特殊宴席种类
- 掌握当今社会对宴席的要求
- 了解中式宴席的发展趋势

【情景导入】

热闹的历史博物馆中，讲解员正在一座丰盛的等比宴席模型边讲解着宴席的历史……

任务1　宴席概述及发展简史

【知识库】

1)宴席的概念

宴席又叫燕饮、会饮等。古人席地而坐，“筵”和“席”都是铺在地上的坐具，铺在地上的称为“筵”，铺在“筵”上供人坐的称为“席”。人们往往就饮食设筵，且筵上有席，故称为“筵席”。进餐中大家坐在宴席之上，酒食菜馔置于宴席之间，这种形式，简言之即酒席。发展到后来，宴席常常指为宴请某人或为纪念某事而举行的酒席。整个席面要设计冷碟、热炒、大菜、汤品、点心、茶酒、水果等的种类、比例，依次推进。宴席是烹调技艺的集中反映，也是饮食文化的集中反映。

古代筵席图

2)宴席的发展史

宴席的发展史是一部民族精神史，是传统哲学、民族学、人文学发展历史的一个缩影。

中国宴席在商朝奴隶制发展时期诞生。公元前11世纪周武王灭商，建立了我国历史上第三个奴隶制王朝，中国历史进入西周时期，这也是中国奴隶制的鼎盛时期。中国宴席在周代得以发展，宴席形成规模，并开始使用各种青铜器皿（见“商代宴饮图”）。

商代宴饮图

公元前770—前476年是我国历史上的春秋时代。宴席的规模较大，形式也相当多。宴席的器具和食具也有了很大的改进，许多高级烹饪器具被制造出来。战国时期，宴席已经具有相当高的水平。

韩熙载夜宴图

公元前221年起，秦汉两代历时400多年，是封建制度建立、逐步巩固、繁荣并有颇多建树的时代。此时，中国烹饪已完全具备“色、香、味、形、器”五大属性，不仅烹饪原料丰富，而且素菜兴起、面点进步、厨房设备更加完善。

隋唐五代宴席相当发达。宋代是宴席面向社会的重要时期。宋代时期，京都讲究宴席的风尚及其繁荣的餐馆业，导致各地“效学京师”，促进了全国烹饪技艺和宴席艺术的发展。南宋的宴席多仿学北宋时的东京，不仅宴席堂面陈设仿学东京，就是唱卖也都仿学东京声调。由此可知，宋代宴席面向社会餐饮业的形成和发展，是我国宴席史上的重要一页，并一直延续到今天。

明清时期是宴席的兴盛时期。西方菜点宴席被引进并融入中国古典宴席之中，使宴席达到历史发展的高峰!

辛亥革命后，国门大开，欧美各国的商人纷至沓来，西餐技术及宴席相继传入。沿海城市出现了中国合餐宴席。北京的一些餐馆经营起清宫菜和仿膳席。各地相继出现一些经营高级菜肴宴席的名餐馆，其不仅拥有精湛的烹饪技艺，形成各地菜肴的独特风格，而且，不同的地方风味、民族风味也互相融合。宴席作为一种艺术得到社会的承认并获得了充分的发展，受到了国家的高度重视。“继承、发展、开拓、创新”的方针大大促进了中国烹饪技艺和宴席艺术的发展。

3)中国历史上著名的宴席

(1)周八珍

周八珍是我国现存最早的一张完整的宴会菜单，记载于《周礼·天官》“珍用八物”。周八珍是8种菜肴的总称，分别是淳熬、淳母、炮豚、炮、肝网油、熬、渍、捣珍。

其中炮豚是将小猪先烤、后炸再隔水炖，炮是用同法但以羔羊代替小猪。淳熬是蒸稻米饭再配以肉酱，淳母同法但用黄米饭。肝网油是将狗肝切丝裹油网炸之。熬是以牛肉块熬煮而成。渍是用小牛里脊肉薄切成片，以酒、醢腌后生食。捣珍是把牛、羊、犬、鹿、猪肉等以石臼捣去筋膜后，成团煮食。

周八珍选料精良，制作复杂，不仅采用烤的技艺，还采用了烘干、腌渍、烹煮以及生食加工等多种手法。尤其在对调和五味的合理使用和多环节的加工上，都体现了当时高度发达的烹饪水平，其做法也延续至今。

(2)鹿鸣宴

乡饮酒礼是我国历史上流行最广、延续时间最长的一种礼仪性的饮宴活动。而鹿鸣宴作为乡饮酒礼的一种形式，是古时地方官祝贺考中贡生或举人的“乡饮酒”宴会。

《鹿鸣》系《诗经·小雅》中的一首乐歌，一共有三章，三章头一句分别是“呦呦鹿鸣，食野之苹”“呦呦鹿鸣，食野之蒿”“呦呦鹿鸣，食野之芩”。其意为小鹿发现了美食不忘伙伴，就像蚂蚁一样，发出“呦呦”的叫声招呼同伴一块进食。古人认为此举为美德，于是上行下效，天子宴群臣，地方官宴请同僚以及当地举人、地方豪绅，用此举来笼络人心，展示礼贤下士之风。饮宴之中必须先奏响《鹿鸣》之曲，随后朗读《鹿鸣》之歌以活跃气氛，比试才华。唐代王勃参加的滕王阁酒宴就有此遗风。

古人认为乐歌“施之于宾宴则君臣和”，有了美食而不忘其同伴，是君子之风。据说春秋时孙穆子被聘到晋国为相，晋悼公办饮宴款待嘉宾，席间即诵《鹿鸣》三章。不过此宴只在富裕地区流行，穷困之地却不时兴。民国之后消失殆尽。

(3)孔府宴

孔府宴作为中国历史上最著名的官府宴，位居中国官府宴之首，它既体现了古代宴席高度的政治性，也体现了中国古代最高的烹饪水平。

孔府宴主要是孔家在接待贵宾、祝贺上任以及在生辰节日、婚丧喜寿时特别制作的宴席。宴席遵照君臣父子的等级，有不同的规格，是当年孔府在接待贵宾、祭祀、生辰、婚丧时特备的高级宴席。

(4)唐代曲江宴

在众宴之中，最轻松豪放的当属唐代的曲江宴了。曲江宴是唐代文人考中进士，在放榜后于曲江亭设的宴席，故又名曲江会。古时，考中进士乃人生四大喜事之一，自然是要庆祝一番的，庆祝的形式就是办曲江会，亦即曲江宴。因为宴会往往是在关试后才举行，所以又叫“关宴”。同时，因举行宴会的地点一般都设在杏园曲江岸边的亭子中，所以此宴也叫“杏园宴”，此后逐渐演变为诗人们吟诵诗作的“诗会”。

唐代新科进士正式放榜之日恰好就在上巳节之前，上巳节为唐代三大节日之一。皇帝会亲自参加这种游宴活动，与宴者也经皇帝“钦点”。宴席间，皇帝、王公大臣以及其他与宴者一边观赏曲江边的天光水色，一边品尝宫廷御宴的美味佳肴。后来，曲江宴经发展成为全民参与的盛会，这之中，尤以上巳节游宴、新进士游宴最隆重，在历史上的影响最深。就像今天的庙会，各类游宴，情趣各异。

曲江宴按照古人“曲水流觞”的习俗，置酒杯于流水中，流至谁前则罚谁饮酒作诗，再由众人对诗进行评比，称为“曲江流饮”。至唐僖宗时期，也在曲江宴中设“樱桃宴”专门来庆祝新进士及第。

曲江宴是我国历史上最著名的野宴活动，从唐中宗神龙年间起，一直延续到唐僖宗时期黄巢起义军杀入长安城为止，历时 170 多年。

(5)唐代烧尾宴

烧尾宴是唐代曾经盛行过的一种特殊宴会。所谓“烧尾宴”，是指士人在新官上任或升迁时，招待前来恭贺的亲朋同僚的宴会。

《封氏闻见记》记载，士人初登第或者升了官，亲朋同僚都会前来祝贺，主人就会备下丰盛的宴席和歌舞来招待。唐代把这种宴席活动统称为“烧尾”，宴席随之也被称作“烧尾宴”。其名称来源有三种说法：一是老虎变成人时，要烧断其尾；二是羊入新群时，要烧焦旧尾才被接纳；三是鲤鱼跃龙门时，经天火烧掉鱼尾，才能化为真龙。北宋时陶谷的《清异录》一书，就记载了唐代最著名的一次烧尾宴。

(6)扎马宴

扎马宴始于元代，是古代蒙古民族特有的庆典宴会。扎马，蒙语是指褪掉毛的整畜，意思是把牛、羊家畜宰杀后，用热水褪毛，去掉内脏，烤制或煮制后上席。

这一古朴的分食整牛、整羊的民俗，由诺颜秉政发展为奢华的宫廷宴。后来，宫廷扎马宴基本绝迹，烤全牛也失传。再后来恢复的烤全牛、烤全羊和当时的扎马宴已不可同日而语。

这种大宴欢宴三日，不醉不休，体现出了蒙古王公重武备、重衣饰、重宴飨的习俗，比宋皇寿筵气派更大。赴宴者穿的礼服每年都由工匠专制，皇帝颁赐，一日一换，颜色一致。菜品主要是羊，用酒很多。在这种大宴上，皇帝还常给大臣赏赐，得赏者感到莫大光荣。有时在筵席上也商议军国大事，带有浓厚的政治色彩。因此，它是古代筵席的一个特例。

(7)袁枚的私家名宴——随园菜

吴门随园菜和山东的孔府宴、北京的谭家菜并称为“中国三大官府名宴”。其实，随园菜在严格意义上不能算作官府宴，只能说是私家宴。

随园菜得名于清代才子袁枚所著的《随园食单》。这是袁枚凭着自己对美食的强烈爱好，遍访名家名厨名吃，又结合自己的独到理解和观点而整理成的一套美食体系。

袁枚的随园，既是花园，又是烹饪原料基地，据说是“除鲜肉、豆腐须外出购买外，其他无一不备”。

随园菜上自山珍海味，下至一粥一饭，选料都严格按照要求进行。如选用什么肉好吃，鸡用什么鸡，竹笋要什么样的，好火腿买谁家的，都有要求，绝不凑合。这一点在他的文章里都有清晰的记载，所以，袁枚又被称为“食圣”。

(8)满汉全席

满汉全席，是清朝时期的宫廷盛宴，既有宫廷菜肴之特色，又有地方风味之精华；突出满族与汉族菜点的特殊风味，同时又展示了汉族烹调的特色，扒、炸、炒、熘、烧等兼备，实乃中华菜系文化的瑰宝。

满汉全席原是清宫中举办宴会时满人和汉人合做的一种宴席。满汉全席上菜品一般至少有 108 种，南菜 54 道，北菜 54 道，分 3 天吃完。满汉全席菜式有咸有甜，有荤有素，取材广泛，用料精细，山珍海味无所不包。“满汉全席”后来还发展成为相声贯口的保留曲目和经典教材，并因此被广泛传播。

如今，有很多地方都在努力恢复满汉全席，但大多只是噱头。很多传统名菜已经没法吃到，也不准吃了。

(9)千叟宴

千叟宴也是清宫里的大宴之一。千叟宴最早始于康熙时期，盛于乾隆时期，是清宫中规模最大、与宴者最多的盛大皇家御宴，在清代共举办过 4 次。此宴因康熙皇帝第一次举行千人大宴，于席间赋《千叟宴》诗一首，故得宴名。千叟宴旨在践行孝德，为亲情搭建沟通平台，营造节日气氛，加强邻里间、家庭间的关系。

康熙五十二年（1713年），皇帝爱新觉罗·玄烨为庆祝其六十寿诞，在畅春园举办了第一次千叟宴，宴请从天下来京师为自己祝寿的老人。首次举办的千叟宴，年65岁及以上年长者，官民不论，均可按时到京城参加畅春园的宴会。当时赴宴者有千余人，皆是耄耋长者，社会各阶层人物皆有。因这次千叟宴的举办，各地掀起敬老爱老之风。康熙时期千叟宴宏大的场面给幼小的爱新觉罗·弘历（即乾隆皇帝）留下了深刻印象。他继位后，效法其祖父，也举办了两次千叟宴。

(10)开国第一宴

1949年10月1日下午，社会各界代表、国外来宾600余人，与中央领导人一起从天安门广场来到北京饭店，出席新中国成立后的第一次国宴。据说，考虑到嘉宾来自五湖四海，周恩来总理亲自确定菜式以咸甜适中、南北皆宜的淮扬菜为主。当时，北京饭店厨房人手不够，还特意征调了京城著名的玉华台饭庄的一些淮扬菜名厨。此后，国宴菜从淮扬菜风格，历经几代人，逐渐演变成了今天的“堂菜”。

开国第一宴上有热菜8道：红烧鱼翅、烧四宝、干焖大虾、烧鸡块、鲜蘑菜心、红扒鸭、红烧鲤鱼、红烧狮子头。8个菜名中有4个“红”字。这次宴席比此后的所有国宴都丰盛，周恩来总理随后就定下了四菜一汤的国宴标准。国宴菜肴讲究清淡软烂，以咸为主，刺激味要少，必须兼顾领导人和国宾的口味。

国宴的每一片菜叶都经过精细挑选，即使是油菜也要选用三寸半高、叶绿肉厚的菜，去掉菜帮，只留下三叶嫩心。而对食品的检验，人民大会堂并不假手于外人，他们有自己的化验室和两名专职人员。化验员在切菜和热菜出锅时取样两次放入培养基，直到用餐结束的24小时后才能销毁样本。

任务 2　宴席分类

【知识库】

1)中式宴席

中式宴席是中国传统的聚餐形式，宴席遵循中国的饮食习惯，以饮中国酒、摆中式台面、用中式餐具、吃中式菜肴、遵从中国习俗、行中国传统礼仪为主，其装饰布局及服务等无不体现中国的饮食文化特色。历代著名的宴席有乡饮酒礼、百官宴、大婚宴、千叟宴、定鼎宴等。中国传统宴席目前在宴席经营中占 90% 以上。

2)西式宴席

西式宴席是鸦片战争之后的舶来品，是按照西方国家的礼仪习俗举办的宴席。其特点是遵循西方的饮食习惯，采取分食制，以西菜为主，用西式餐具，行西方礼节，遵从西方习俗，讲究酒水与菜肴的搭配，其布局、台面布置和服务都有鲜明的西方特色，突出西方民族文化传统。依据举办宴席的目的、宴请的对象、人数的不同，西式宴席的形式也有所不同，目前采用的形式主要有：正式宴席、冷餐酒会和鸡尾酒会。

3)中、西结合式宴席

中、西结合式宴席取两种宴席之长，在近年颇为流行，是中、西饮食文化交流的产物。如我国举行的大型冷餐宴席，一般用大圆桌设坐椅，主宾席排座位，其余各席不固定座位，食品和饮料均是先备好放在桌上，宴席开始后由客人自助进餐。其他还有招待会、茶会、自助餐、鸡尾酒会等不同形式，其特点是：气氛活跃，客人来去自由，时间可长可短；主人周旋于宾客之间，服务员巡回服务；以冷食为主，以热菜、点心、水果为辅；充分尊重宾客的自由，不受席规酒礼约束，便于交流思想感情和广泛开展社交活动；食品利用率高，较之正规宴席更节约。

4)各种主题宴席

典型的主题宴席有以下几种：

(1)国宴

国宴是国家元首或政府首脑为国家庆典或为欢迎外国元首、政府首脑而举行的正式宴席。国宴重礼仪，要求严格，安排细致周到。宴席厅布置体现庄重、热烈的气氛。国宴的形式有中式、西式，也有中西结合式宴席。

(2)喜庆婚宴

喜庆婚宴是人们在举行婚礼时，为宴请前来祝贺的宾朋和庆祝新婚夫妇婚姻美满幸福而举办的宴席。婚宴主办者对饭店的要求较高，要求饭店提供精美的食品及最佳的服务。

(3)生日宴席

生日宴席是人们为纪念生日而举办的宴席。生日宴席的主角一般以老年人居多，老年人喜人多、热闹。现在为小孩举办的生日宴也在日益增加。

(4)纪念宴席

纪念宴席是指为纪念某人、某事或某物而举办的宴席，要求有一种纪念、回顾的气氛。

(5)商务宴席

商务宴席在宴席经营中占有一定比例。国内外商务客人要求饭店为他们提供增进友谊、联络感情的宴请服务和业务洽谈、协议签约、资料信息交流的工作条件。商务宴席的消费水准以中等偏上居多。

(6)庆典宴席

庆典宴席是指企事业单位为庆贺各种典礼活动而举办的宴席，如开业宴席、庆功宴席、颁奖宴席等。这类宴席的特点是规模大、气氛热烈。

任务3　宴席的发展趋势及要求

【知识库】

随着社会的不断发展和物质财富的不断积累，精神生活质量也在逐步提高。在此形势下，宴席也悄然发生着变化。其发展趋势是：

1)崇尚自然，回归自然

随着时代的发展，中国的传统饮食习惯中的食不厌精、脍不厌细的理念在宴席中有了新的诠释。各种清新、朴实、自然、味美的粗粮系列，豆腐系列，森林蔬菜系列，海洋系列菜品受到人们的喜爱。

2)注重产品形象和文化特色

新世纪到来，餐饮企业该如何应对挑战？把现代科学技术渗透到菜品开发中，树立自己的经营特色和品牌，在科技、产品、服务、管理上实现全方位的文化创新，既在菜品风格上保持传统风味特色，又在烹调工艺、色香味形、器皿盛装等方面规范化、标准化，充分发挥个性特点和文化积淀的优势，使现代菜品中的文化含量逐步提高，让文化在菜品品牌中发挥更大的作用，将是未来餐饮企业的发展方向。

3)中西交融，华洋共处

随着现代社会国际交往的扩大，各国各地区之间在菜品制作、餐台设计、环境布局、装潢等方面互相取长补短，不断借鉴与融合，因而菜品制作、餐台设计等方面走向多元化和国际化，大都市的餐饮市场也正向“国际食都”迈进。未来大都市的餐饮将是传统竞秀、中西交融、华洋共处。中国传统风味融合世界饮食的精华，融合东西方饮食特点的菜品日益受到人们的喜爱，成为世界餐饮发展的重要推动力。

4)中式宴席将更讲求文化氛围

宴席场所的厅堂布置总体要求是协调、大方、舒适和让人有美的享受。宴席厅摆放花架和盆景，突出雅致、优美。墙上挂的艺术制品要大小适度、壮观气派。宴席环境的布置要与餐桌的气氛互相映衬。还要根据不同季节、客人的喜好设计安排，如亚非人喜欢暖色，暖色能给人以富丽堂皇、热烈兴奋的感觉；欧美人较喜欢冷色，冷色能给人平静、舒适、凉爽之感。

5）每位上——未来宴席新客点

“每位上”是指献给每位宾客的都是一道菜，准确地讲，是一道微缩的菜品。共食分菜制满足了我国饮食文化中现代人希望受到尊重的心理需求，体现了讲究卫生的文明进步的一面。而“每位上”菜品则让人看到了饮食文化的发展，因为它在原有的基础上使宾客的需求得到了更多的满足。“每位上”的菜品，从形式上看带有西式味道，但从实质上看，仍体现的是我国饮食文化，大家仍然是共进一道菜，只不过这道菜在制作时进行了新的构思，融入了新的理念，最终以多盘微型菜品出现，这也是“每位上”形式成未来宴席主流趋势的重要原因。

【课堂练习】

1. 中国宴席在（　　）奴隶制发展时期诞生。
2. 宴席环境的布置要与（　　）的气氛互相映衬。
3. 宴席的发展趋势是什么？
4. 宴席，即通常所说的（　　）。
5. 中西结合式宴席的特点有哪些？
6. 宴席的含义是什么？
7. 中国宴席的发展经历了哪几个阶段？
8. 典型的主题宴席有哪些？

【课堂效果评价】

日　期	年　月　日	信息反馈			备　注
理论知识掌握情况		☺	😐	☹	
专业概念掌握情况		☺	😐	☹	
自主学习情况					
个人学习总体评价		（　）	（　）	（　）	
小组总体评价		（　）	（　）	（　）	
困惑的内容					
希望老师补充的知识					
教师回复					

【知识拓展】

江苏十大主题名宴之“三国宴”:精美的菜肴会说话

宴席就是食客们围坐畅谈、飞觞醉月的“聚餐”。连《礼记》也说:“故酒食者，所以合欢也。”镇江本土作家王川先生，设计出了极富文化色彩的宴席——“三国宴”，他把文字幻化成美味，使此宴名扬天下。从菜品的文化内涵和食材的构思来看，镇江是三国时代东吴的治所，留存在这里的三国故事非常多，比如“孙刘联盟”“诸葛亮周瑜蒜山定计”“甘露寺招亲”“太史慈大战小霸王”等，都非常有趣，“三国宴”化典故为菜品，更是美食家所愿。

“三国宴”里，有一类食材是现在就有的，如“煮酒论英雄”和“望梅止渴”提到的酒和梅子;“曹操斩杨修”里也有“一合酥”和“鸡肋汤”两种食物可移用。另有的，则需根据《三国演义》中的内容进行扩大或附会，如周瑜擅长弹琴，就用拔丝的方式做鱼，暗含“瑜(鱼)”和“琴弦”两个元素在内。

“三国宴”并非豪宴，它在食材上不过于讲究，最便宜的食材只是一根苦瓜、一盘豆腐，贵的有乌参和鱿鱼。食材最贵的要数“舌战群儒”，要用16只河豚的嘴来围着一堆鸭舌，“但它们的贵贱都无妨，都是平等的，因为菜品重的是文化，文化是无价的”。

谈起“三国宴”里“美人计”这道菜，王川先生说，要以美人为题来做菜，却不宜出现人的形象，只能以象征的手法。他曾考虑过“美人腿”“西施舌”或是“西施乳”之类的食材，但那些名称未免过于香艳恶俗，用腿、舌、乳都不妥。王川先生最终选用炒虾仁来做“美人计”。一则是因为“仁”与“人”谐音，“美仁”就是“美人”；二则虾仁晶亮透明、白嫩如玉，也与美人之肤相像。炒好的虾仁最好放在龙泉青瓷的盘子里，调味碟宜用白瓷，虾仁是洁白透明的，调料是三色的，多种元素俱全，称为“美人计”。

从创意到变成香喷喷的菜品，虽有趣味，但更多的是艰辛。在这一席“三国宴”中，冷菜主碟是“北固胜境”，热菜有“如鱼得水”“煮酒论英雄”“草船借箭”“舌战群儒”“群英会”“张飞醉卧”“国太素斋”等，主食是本地特色的汤包、酥点等。

“三国宴”最突出的特点是传承。比如，热菜“如鱼得水”是镇江传统江鲜名菜，也是历经几代人创作的菜，并在传承中不断有创新：前有潘镇平大师的“白炒刀鱼丝”，后有居付忠的“脆皮鱼面”。尤其是后者，刀鱼虽然肉嫩鲜美，但常多刺。这道菜则以刀背轻捶的方式，将鱼肉取蓉，挤入温油锅中，小火养熟成面条状，再与绿叶菜、熟火腿丝、水发香菇等烩炒，转眼间，一盘色泽洁白、软嫩爽口的刀鱼丝便惊艳呈现。此外，还用鱼头鱼尾熬汤，真正做到了物尽其用。此菜已被收录于《中国名菜谱》。

模块2

宴席菜单设计及实例

【学习内容】

- 项目1 宴席菜单的作用和分类
- 项目2 宴席菜单的设计与编排
- 项目3 宴席菜品设计
- 项目4 宴席菜单设计的注意事项
- 项目5 宴席菜单及菜品设计实例

【学习目标】

掌握宴席菜单的分类方法；从饭店经营的角度，了解宴席菜单在餐饮企业经营管理过程中发挥的重要作用；通过模拟设计，掌握宴席菜单的设计要求与基本步骤，学会分析宴席菜单存在的问题与不足，能进行不同类型、不同特点的宴席菜单的设计。

项目1

宴席菜单的作用和分类

【项目导学】

✧任务1　宴席菜单的定义

✧任务2　宴席菜单的作用

✧任务3　宴席菜单的分类

【项目要求】

✧1. 掌握各种宴席菜单的构成要素及其实际意义。

✧2. 熟悉宴席菜单的设计运用在宴席中的重要作用。

（1）掌握宴席菜单的设计对餐饮经营的作用。

（2）熟悉宴席菜单的内涵，掌握其所蕴含的经营理念。

✧3. 掌握宴席菜单的种类、分类方法及特点；加深对宴席菜单设计基础知识的理解，掌握宴席菜单的制作形式。

（1）掌握宴席菜单按设计性质与应用分类的方法及特点。

（2）掌握宴席菜单按使用时间长短分类的方法及特点。

【情景导入】

在城郊某饭店，一位老先生来到餐厅点了一份甲鱼，老先生说："我要原汁原味有汤汁的甲鱼。"刚工作不久的小李说："老先生，我们这里卖的甲鱼有加药材炖的，滋补功效更好。"老先生满脸高兴。等甲鱼做好端出，老先生一看就说："这不对，我要的是有汤的，怎么没汤？你们菜单上明明写的是炖的。"此时，如果你是小李，你认为自己对菜单真的了解吗？作为厨师，设计菜单时需要注意些什么？

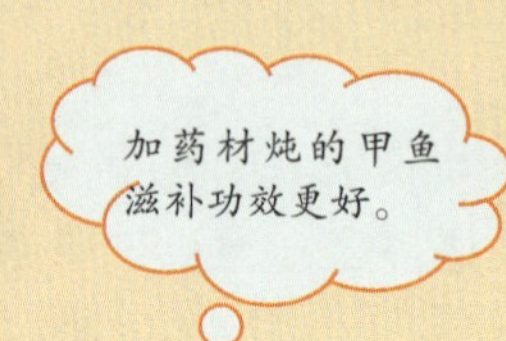

任务 1　宴席菜单的定义

【知识库】

1）宴席菜单的定义

宴席菜单（Menu）又称宴席菜谱，是指按照宴席的结构和要求，将酒水冷菜、热菜大菜、甜点蜜果等三组食品按一定比例编成菜点清单。

菜单犹如一位无言的推销员，在餐饮经营者与顾客之间扮演着举足轻重的角色，它更是餐饮服务业与顾客沟通的重要桥梁。

2）宴席菜单的起源

法国人认为宴席菜单始于法国的蒙福特公爵，英国人认为宴席菜单源自布伦斯威克公爵。姑且不论宴席菜单的原创者究竟是谁，宴席菜单的使用在文艺复兴后出现了排场性的大菜单，这种大菜单的菜肴需分成 2～3 个梯次出菜，而每一梯次又分成很多道菜。这和我国同时期文献记载的清代满汉全席菜单的出菜形式类似。在欧洲，自 19 世纪中叶后，才逐渐简化成一道菜出完再上另一道菜的“俄国式供应方式”。此后，随着时代的推演以及饮食习惯的进步，菜单才得以由繁至简地变得简洁、大方，由贵族阶层走向社会大众，变得广为流传，成为宴席餐桌上的必备之物。

3）宴席菜单的基本功能

菜单作为向顾客提供宴席菜品的信息载体，对顾客而言，宴席菜单上开列的菜品，就是顾客要食用或选择食用的菜品；对于宴席经营者而言，宴席菜单是经过精心设计的反映宴席膳食有机构成的专门菜单。

宴席菜单是菜单的一种，是专用于宴席的。饭店里使用的菜单有很多种，如早餐菜单、正餐零点菜单、客房送餐菜单、泳池送餐菜单、酒水单、外卖菜单等，宴席菜单是其中的一种。宴席菜单是设计的产物，菜单上的菜品是根据一定要求、一定原则，采用合适的方法精心组织在一起的，所以人们说宴席菜单是“菜品组合的艺术”。

任务2　宴席菜单的作用

【知识库】

1）宴席菜单影响餐饮设备的选配和厨房布局

宴席菜单中的菜品内容体现着菜品的风味和经营风格，而菜品风味和经营风格的不同，必然会影响餐饮设备的选择和配置，影响厨房的规模及其生产设备的整体布局。

例如，制作北京烤鸭需使用挂炉，而烤乳猪和烤羊肉串却常常使用明烤炉；蒸菜、炖菜需要使用蒸灶（柜）煲灶；上龙虾需要配钳子和叉子；水杯可用红酒杯，红酒杯可作白酒杯，但却不可以使用饭碗盛装鸡尾酒。显而易见，因菜单中菜式品种及其特色的不同，需要有相应的加工烹制设备、服务设备及餐具。菜式品种越丰富，所需设备的种类就越多；菜式水平越高越珍奇，所需设备、餐具也越特殊。设备不同，厨房的生产布局、空间布局也随之不同。

2）宴席菜单影响食品原料采购和储藏

食品原料是制作菜品的物质基础。食品原料的采购储藏是餐饮企业业务活动的必要环节，它们受菜单内容、菜单类型的影响和支配。

例如，对于使用固定性宴席菜单的企业而言，由于菜式品种在一定时期保持不变，厨房生产所需食品原料、规格等也相应固定不变，这就使得企业在原料采购方法、采购规格标准、货源提供途径、原料储藏方法、储藏面积、仓库条件等方面能保持相对稳定；列入菜单经营菜点的原料，是采购的必备品种。

3）宴席菜单影响厨师和人员的配备

宴席菜单的菜品、风格与服务的规格及特色，决定着厨师、服务员配备的取向。

例如，经营粤菜要配备擅长制作粤菜的厨师，体现高规格服务要配备精通服务技能的优秀服务员。否则菜单设计得再好，若厨师无力烹调或服务员不谙服务方法，不但会使顾客获得真实性产品及其服务享受的愿望落空，企业也会反受其累。因此，建立一支具备相应技术水平、结构合理的厨师和服务员队伍尤其重要。

4)宴席菜单是宴席工作的提纲

宴席菜单是开展宴席工作的基础与核心，宴席所用原料的采购、菜品的烹调制作、以及宴席服务与各部门通力合作必须围绕菜单才能开展。

5)宴席菜单是沟通企业与顾客的有效工具

顾客到饭店举办宴席，通常是根据饭店提供的宴席菜单来选购他们所需的菜品和饮品。设计人员、服务人员有责任和义务向顾客推荐宴席菜单，介绍菜品和饮品，顾客和设计人员、服务人员通过菜单进行交流，使信息得到沟通。宴席运转过程中，在按照菜单提供宴席产品服务的同时，服务人员与顾客之间仍然进行着直接的沟通。听取顾客对菜品的意见，有利于改进设计，提高服务质量。

6)宴席菜单直接影响宴席经营的成果

一份合适的宴席菜单，是宴席菜单设计人员根据餐饮企业的经营方针，经过认真分析客源和市场需求制订出来的。宴席菜单一旦制订成功，餐饮企业的其他工作也就可以按照既定的经营方针顺利进行，可以吸引众多的目标顾客，为企业创造利润。

宴席菜单设计得好坏与否直接决定了企业宴席经营成本的高低，直接影响宴席赢利能力的大小。对中低档宴席而言，如果菜单中用料珍稀、原料价格昂贵的菜式太多，必然导致较高的食品原料成本。因此餐饮企业成本控制的首要环节，就是要从菜单设计开始。

7)宴席菜单是推销宴席的有力手段

菜单是连接顾客与餐厅的桥梁，起着促成交易的媒介作用。餐饮企业通过菜单向顾客提供宴席菜肴信息，推销宴席。顾客则凭借菜单选择自己所需要的产品和服务。所以，一方面餐饮企业或宴席厅应拥有丰富的宴席菜单，另一方面又能根据客人需求设计宴席菜单，供客人选择，要通过菜单文字介绍与图片视觉冲击，让顾客对菜单菜品内容、菜品品种、风味特色、价格范围及其他内容有所认识，使客人因菜单产生强烈的宴席消费欲望，达到推销宴席的目的。

任务3　宴席菜单的分类

【知识库】

1）按宴席菜单设计性质与应用特点分类

（1）套宴菜单

套宴菜单是餐饮企业设计人员预先设计的列有不同价格档次和菜品组合的系列宴席菜单。

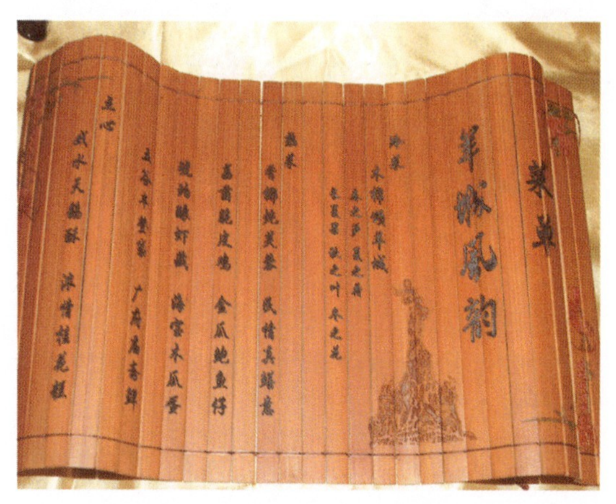

特点：一是价格档次分明，基本涵盖了一个餐饮企业经营宴席的范围；二是所有档次宴席菜品的组合都已完善；三是同一档次列有几份不同菜品组合的菜单，以供顾客挑选。

例如：同一档次分为A单与B单，A单与B单上的菜品，其基本结构是相同的，只是在少数菜品上做了变化。

套宴菜单表现主题如：套装婚宴菜单、套装寿宴菜单、套装商务宴菜单、套装合家欢乐宴菜单、套装全鹅宴菜单等。套宴菜单针对的是目标顾客的一般性需要。

（2）专供性宴席菜单

专供性宴席菜单是餐饮企业设计人员根据顾客的要求和消费标准，结合本企业资源情况专门设计的菜单。

这种类型的菜单设计，由于顾客的需求十分清楚，因此有明确的目标，有充裕的设计时间，其针对性很强，特色展示很充分。

（3）点菜式宴席菜单

点菜式宴席菜单是指顾客根据自己的饮食喜好，在饭店提供的点菜单或原料中自主选择菜品，组成一套宴席菜品的菜单。

针对有些顾客去饭店吃酒宴，喜欢根据自己的口味喜好自主选菜的情况，许多餐饮企业的餐厅把宴席菜单的设计权利交给顾客，饭店提供通用的点菜菜单，任顾客在其中选择菜品，或在饭店提供的原料中由顾客自己确定烹调方法、菜肴味型，组合成宴席套菜，饭店设计人员或接待人员在一旁做情况说明，提供建议。

2)按宴席菜单使用时间长短分类

(1)固定性宴席菜单

固定性宴席菜单是指长期使用或者不常变换的宴席菜单。这种类型的菜单一经产生后，便在餐饮企业的宴席经营中，以长时间内不变或少变的方式，经年累月地使用。所谓长时间不变，是指菜单中的菜品可能随季节不同有所调整，或者是少数菜品在原料、加工方法、味型、装盘形式等方面做了调整。例如，长期使用的套宴菜单、饺子宴菜单、红楼宴菜单、孔府宴菜单等。由于这些菜单上的菜品比较固定，因此，对餐饮企业生产和管理来说利弊共存。

其优点是有利于菜品标准化，具体表现在以下方面：

①有利于采购标准化。

②有利于加工烹调标准化。

③有利于产品质量标准化。

(2)阶段性宴席菜单

阶段性宴席菜单是指在规定时限内使用的宴席菜单。例如：餐饮企业根据不同的季节准备的菜单，这类菜单能反映不同季节的时令菜。如大学生毕业离校前、高考录取期间，不少餐饮企业推出的毕业庆典宴席菜单、谢师宴菜单、状元宴菜单、金榜题名宴菜单等，都属于阶段性宴席菜单。

优点在于：

①给顾客新鲜感，有利于宴席销售，增加效益。

②提升企业品牌形象，能有效实施生产和管理的标准化。

(3)一次性宴席菜单

一次性宴席菜单又称即时性宴席菜单，是指专门为某一个特定宴席设计的菜单。这类菜单设计的依据是顾客的需要、菜品原料的可得性、原料的质量和价格以及厨师的烹调能力。

优点在于：

①灵活性强，适应原料市场变化，能契合顾客的需求，紧扣宴席主题。

②能生产出比较多的新菜品，调动员工的工作积极性。

不足之处：

①原料采购、保管、菜品生产和销售增加了难度，难以做到标准化。

②扩大了经营成本，管理上也增加了难度。

因此，一次性宴席菜单不能被餐饮企业长期使用，而应与固定性宴席菜单和阶段性宴席菜单合用。

除了上述这两种分类外，还有按中西菜式分类，分为中餐宴席菜单和西餐宴席菜单两类；或按宴饮形式分类，分为正式宴席菜单、冷餐会菜单、鸡尾酒会菜单和便宴菜单四类。

【课堂练习】

1. 饭店里使用的菜单有很多种，（　　）只是其中的一种，是专用于宴席的。

2. 宴席菜单的含义是什么？

3. 试述我国菜单与宴席设计的起源与发展。

4. 宴席菜单在餐饮经营管理中有着重要作用，不仅是餐饮经营管理者经营思想和管理水准的体现，更是沟通（　　）和（　　）之间最直接的桥梁。

5. 简述宴席菜单在餐饮经营管理中的功能。

6. 简述宴席菜单的种类。

7. 试按不同的方法对宴席菜单加以分类，不得少于5种类型。

8. 简述零点菜单与套菜菜单有何区别。

【课堂效果评价】

日　期	年　月　日	信息反馈			备　注
理论知识掌握情况		☺	😐	☹	
专业概念掌握情况		☺	😐	☹	
自主学习情况					
个人学习总体评价		（　）	（　）	（　）	
小组总体评价		（　）	（　）	（　）	
困惑的内容					
希望老师补充的知识					
教师回复					

【知识拓展】

套餐菜单因其实惠、便捷、营养而被大众所喜爱，与普通套餐菜单不同的是，团队套

餐菜单具有价格适宜、经济实惠、批量生产、服务快速、菜品多样、制作讲究、循环使用的特点。

案例：

2006年4月某日，杭州某三星级酒店江厨师长，接到了餐厅预订处下达的一份订餐通知单，通知单上的内容是：四川观光游客50人，3名陪同，明天中午11：30到酒店用餐，标准为45元/人，备注部分表明12：50这批人就要到西湖游玩，于是酒店江厨师长在办公室稍微思考了一下，很快开出了午餐菜单，并随即下了订料单到采购部。

菜单内容是：蟹黄海鲜羹、山菌鲜鲍片、清蒸大鳜鱼、海味煨伊面、川酱龙凤配、北菇扒双蔬、当红脆皮鸡、核桃露汤丸。

第二天早上，采购部按时、保质保量地送来了原料，厨房也按照部门分工做好了开餐前的各项准备工作。中午11：30，客人如期而至。宴席开始了，在前后场的默契配合下，于12：20顺利地走完了。在办公室，江厨师长深深地舒了口气，心想又顺利地完成了一项接待任务。这时电话铃响了，是质检部经理的电话，他说客人投诉了，都说没有吃好，并且导游说以后可能不会再安排团队到此酒店用餐了。

放下电话，江厨师长迅速冲到宴席厅，此时宴席厅已空无一人，只见餐桌上留下了很多未吃完的菜肴。这是为什么呢？菜单中安排的菜品也不差呀？江厨师长非常郁闷。

解答：

从该酒店的江厨师长开设的菜单来看，引起顾客不满的原因，主要是在菜单上他犯了如下几个错误：

第一，设计菜单时不问对象。这批客人是游客，而且是四川客人，他在菜品安排上没有照顾到四川客人的口味特点，缺少川味菜肴，应该安排1～2道川菜。

第二，工作粗糙马虎。他没有看清楚备注栏里面的内容，客人12：50就要出游，而他到12：20才走完菜，对于游客来说，时间非常重要。

第三，套餐内容不完善。菜单中提供能量的主食太少，只有一道。对这批游玩的客人来说，用餐的主要目的是要从食物中摄取能满足他们下午到西湖游玩所必需的营养素和能量。

总的来说，该厨师长没有弄清楚什么是套餐菜单，也没有弄清楚团队套餐和宴席菜单之间的区别，在设计菜单时没有考虑客人的具体情况。

项 目 2

宴席菜单的设计与编排

【项目导学】

- 任务 1　宴席菜单的设计原则
- 任务 2　宴席菜单的分类命名与呈现方式

【项目要求】

- 1. 了解宴席菜单设计的指导思想。
- 2. 掌握宴席菜单设计的基本原则。
- 3. 掌握宴席菜单的分类命名与呈现方式。

【情景导入】

乡村里有一个休闲农庄，生意一直很红火。每次客人来就餐，店主都是根据所采购的原料，用一张很普通的白纸写好供应客人的菜。最近，在客人的推荐下，店主去了趟大城市的某个酒店，就餐时看到酒店都有一本供客人用餐时点菜的菜单，菜单图文并茂，非常精致，诱人食欲。客人皆是根据自己的喜好点菜就餐。店主是个土生土长的乡里人，对菜单制作一点都不懂，也不知该从何入手。如果你是农庄店主，要解决这个问题，你会怎样着手设计、编排、制作供客人点菜用的菜单？

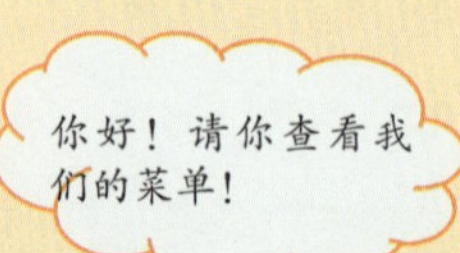

你好！请问你们酒店有什么特色菜品？

任务1　宴席菜单的设计原则

【知识库】

1)宴席菜单设计的指导思想

(1)科学合理

科学合理是指在设计宴席菜单时，既要考虑顾客饮食习惯和品味的合理性，又要考虑宴席膳食组合的科学性。宴席膳食不是山珍海味、珍禽异兽、大鱼大肉等美食的堆叠，不是为炫富摆阔而诱导畸形消费，而是要突出宴席菜品组合的营养与美味的统一。

(2)整体协调

整体协调是指在设计宴席菜单时，既要考虑菜品的相互联系与相互作用，又要考虑菜品与整个菜单的相互联系与相互作用，还要考虑顾客对菜品的需要。

(3)丰俭适度

丰俭适度是指在设计宴席菜单时，要正确引导宴席消费，菜品数量丰足或档次高，但不浪费；菜品数量偏少或档次低，但要保证顾客吃好吃饱。丰俭适度，有利于倡导文明健康的宴席消费观念和消费行为。

(4)确保赢利

确保赢利是指餐饮企业要始终把自己的赢利目标贯穿到宴席菜单设计中去。要做到双赢，既让顾客的需要从菜单中得到满足，利益得到满足、保护，又要通过合理有效的手段使菜单为本企业带来应有的利润。

2)宴席菜单设计的基本原则

(1)以顾客需要为导向的原则

在宴席菜单设计中，需要考虑的因素很多，但中心永远是顾客的需要。

①要了解顾客对宴席菜品的目标期望。有的讲究菜品的品位格调，有的追求丰足实惠，有的意在尝鲜品味，有的注重养生等。

②要了解顾客的饮食习惯、喜好和禁忌。对于不同地区的人而言，口味喜好的倾向性

差异更大，如川湘人喜辣，浙江人偏甜，广东人尚淡，东北人味重。不同民族与宗教信仰的人饮食禁忌各有不同，例如回族人信奉伊斯兰教，禁食猪肉；佛教徒茹素忌荤。因此，在菜单设计前，要了解这些情况，把客人的特殊需要结合起来考虑，在菜单的菜品安排上才会更有针对性。

③要适应饮食潮流的变化。设计宴席菜单时，要及时跟进饮食潮流的变化，把市场流行且顾客喜欢的菜品充实到菜单中去。

(2)服务宴席主题的原则

人们举办宴席的目的多种多样，祈求表达某种愿望，如欢迎、答谢、庆功、祝寿、联谊、合作等，宴席的不同主题，反映在宴席菜单中，其菜品的原料选择、造型、命名、取意等方面也有区别，例如松鹤延年冷盘适合寿宴。宴席菜单要为宴席主题服务。

(3)以价格定档次的原则

宴席价格的高低是确定宴席菜单菜品档次高低的决定性因素。宴席价格的高低必然反映到原料选用、材料配比、加工工艺、菜品造型等诸多方面。价格标准高的宴席，其所用原料必然价高、质优；配料时多用主料，不用或少用辅料；加工烹制方法也各异。以鸭子为例，高档宴席做成烤鸭，普通宴席会做成红烧鸭块。价格标准高的宴席要选用精致的盛器，菜肴造型要美观。

(4)数量与质量相统一的原则

宴席菜品的数量是指组成宴席的菜品总数与每份菜品的分量。在数量上，一般以每人平均能吃到500～600克净料，或以每人平均能吃到1 000克左右熟食为基本标准。

①根据宴席类型确定数量。不同的宴席类型，在不同的地区、不同的人群中形成了约定俗成的数量规定。例如，国宴菜品道数是：1道冷菜、1道汤、4道热菜、1道点心、1道甜品、1道水果。

②根据出席宴席的对象确定菜品数量。一般情况下，青年人比老年人食量大，男同志比女同志食量大，重体力劳动者比轻体力劳动者食量大。因此，宴席菜品数量的多少，要根据参加宴席群体的总体特征进行有针对性的设计。

③根据顾客提出的需要确定数量。一般的宴席，要求数量丰足；高档的宴席，要求少而精致。以品尝为目的，要求菜品的道数多一些，分量少一些；以聚餐为目的，既要求菜品道数多一些，也要求分量多一些。宴席菜品数量标准是相对的，但质量是绝对的。

(5)膳食平衡的原则

从食用角度看，宴席提供的是一餐的膳食。所以，膳食平衡的原则必须落实到宴席菜

单的设计中。

①必须提供膳食平衡所需的各种营养素。要在菜单设计中，以科学的膳食营养观来编排菜品，改变以荤类菜肴为主的旧模式，增加蔬菜、粮食、豆类及其制品、水果类原料的使用，提供膳食平衡所需的各种营养素，达到合理营养。

②选择采用合理的加工工艺制作菜品。在编排宴席菜品组合时，要从营养的角度考虑，设计最合理的加工工艺流程，使美味性与营养性统一于菜品之中。

③要从顾客实际的营养需求的角度设计菜品。顾客对宴席营养需要的期望是因人而异的，一般来说，宴席菜品的营养设计，不是针对某一顾客个体，而是针对群体的基本需求，必须从总体上把握膳食结构平衡和营养的合理性。

(6)以实际条件为依托的原则

宴席菜单设计是建立在市场原料供应、饭店生产设备和厨师技术水平等条件基础上的。

①市场原料供应是宴席菜单设计的物质基础。区域市场上供应哪些原料品种？不同的季节有哪些时令性原料？能否及时保障供应？这些都是在菜单设计前需要充分了解掌握的市场行情。

②饭店的生产设施设备是满足宴席菜单设计的必要条件。在进行宴席菜单设计时，要根据设备条件，充分发挥设备的功能，选择与其功能相匹配的菜品。

③厨师和服务员的技术结构、技术水平是决定宴席菜单设计的关键性因素。在宴席菜单设计时，必须根据企业厨师队伍的技术结构或技术水平的实际状况，选择能够保证质量的菜品，编排到菜单中去。菜品的制式和服务员的服务能力是紧密联系的，菜肴准备及服务时间太长的菜品是不适宜编入大型宴席的菜单中的。

(7)风味特色鲜明的原则

宴席菜单设计必须彰显自己的风味特色，没有特色的菜单是没有多少市场号召力的。菜单上的菜品要做到人无我有、人有我优、人优我特。要让顾客既能感觉到，又能实际体验到。

(8)菜品多样化的原则

在设计宴席菜单时要从不同的方面去选择菜品。首先要求原料多样化，这是菜品多样化、膳食平衡的基础；其次要求加工方法的多样化，要从刀工、配伍、制熟调味等方面对原料进行多种加工处理，这样才能形成菜品风味的多样化；最后要求菜品在色彩、造型、味道、质地等感观方面的多样化，这是菜品多样化的终极表现

形式。

(9)菜单制式艺术化的原则

宴席菜单的制式一体化，要求菜单封面要体现饭店风格，或融入饭店经营理念，或体现宴席特色；菜单编排顺序要适应宴饮习惯，排列整齐美观；字体及其大小要便于识读。要使菜单成为展示、宣传宴席的艺术品。

任务2　宴席菜单的分类命名与呈现方式

【知识库】

1）宴席菜单的分类与命名

菜单是宴席的基本物质条件，更侧重于菜品的构成要素组合，因而，在餐饮企业，人们还习惯从这个角度来对宴席进行分类。

（1）宴席菜单的分类方法

①按地方菜系风味分。如川菜席、鲁菜席、粤菜席、淮扬席等。其内容又可以再分，如淮扬席可细分为淮扬风味席、淮安风味席、南通风味席等，淮扬风味席再细分便是具体饭店宾馆的特色风味席。此外，大型酒店也往往把几种地方菜系风味汇集在一起，如分中餐宴席、西餐宴席，中餐宴席则可以再分为地方风味席，或兼容之，如沪扬风味席、川扬风味席等。它们以宴席的大方风味菜肴为旗帜，菜品纯正、乡情浓烈，配合地域性的环境布置，个性鲜明的餐具摆设，有着很强的地域性。此类宴席的设计很注重菜肴、环境、餐具的风格统一。

②按菜品数目分。如四喜四全席、五福捧寿席、六六大顺席、七星席、八八席、八仙过海席、九九上寿席、三蒸九扣席、十大碗席等。此类宴席的特点是可以从菜肴的数量反映出宴席的规格，反映乡风民俗，满足人们祈求丰盛的心理，故而它在乡镇民间较为流行。过去的宴席档次很多是讲究菜肴的道数，道数越多，档次越高，现今在旅游点的农家宴，有时还会采用这种形式。

③按头菜分。如燕窝席、鱼翅席、海参席、鲍鱼席等。此类宴席菜单的命名是按照宴席头道主菜的烹制原料来确定的，宴席的头道菜要求用料名贵，烹制精美。头道菜一旦确定，其他菜肴则可按需到位。用头道菜分类可从原料使用上体现宴席的档次，所以被普遍使用。

④按烹制原料大类分。如海鲜席、江鲜席、河鲜席、湖鲜席、全菌席、山珍席等。此类宴席菜单突出某一类特产原料以适应宾客的喜好。由于选用同一大类原料，便要求宴席菜品能烹调出不同的风味，这更能显示厨师用料的精妙、厨艺的高超。举办这类宴席的地区要求制菜原料充足，品种较多，多是此类原料的主要产地和集散地。如滨海地区的海鲜

原料丰富，河湖港汊多的水乡河鲜原料丰富，云南盛产菌类，所以这些地区便有海鲜席、河鲜席、全菌席等面市。

⑤按主要用料分。如河蟹席、全牛席、全羊席、全鸭席、全鸡席、长鱼席、全藕席、全笋席等。这类宴席上的菜肴，都选用相同的原料为主料，配以不同的辅料，烹调方法各异，充分发挥一物多吃的精髓，工艺难度较大，制作这类宴席菜单要注意有些主料的季节性、地域性很强，不能不顾季节、地域，否则会适得其反。

⑥按菜品造型分。如百花宴、长安八景宴、洞庭君山宴、羊城八景宴、西湖十景宴。这类宴席的设计，菜点多用名胜风景命名，菜式做工考究、工艺装饰很强，有很强的视觉冲击力，如果在菜品的其他方面也臻于完美，那么就是旅游城市中独具特色、有卖点的宴席菜单。

⑦按餐饮文化分。如东坡席、三国宴、红楼宴、满汉全席、民族席、孔府家宴、药膳宴、开封宋菜席、成都田席、洛阳水席、荆州楚席。这类宴席菜单的设计需要有很深的中国传统文化底蕴，它不但选用当地土特名优原料，反映出当地民情食俗，而且在宴席厅布置、宴席的台面设计、员工的服装与服务上都能够反映出这种文化来，对当地饮食文化有较大的影响。

⑧按席面布置分。如孔雀开屏席、万紫千红席、百鸟朝凤席、返璞归真席等。这类宴席菜单的设计利用台面的艺术画布置，偏重台面与菜点组合，艺术与美化菜肴，命名典雅，寓意吉祥，有很强的象征意义，人情味浓厚。

⑨按宗教信仰分。如清真宴、全素宴。此类宴席菜单的设计按照宗教禁忌，严格选择原料来制作菜肴。在宴席厅及台面的布置中也应考虑到这种因素。

(2)菜单与宴席的命名

菜单与宴席的命名，从古到今，主题繁多，内容广泛，风格迥异，各有专名。现将菜单与宴席的命名作一简要的归纳。

①以某一类原料为主题命名。以某一原料或某一类原料为主题命名菜单，主要突出原料的风格特色和时令特点，满足人们物以鲜为贵和物以稀为珍的饮食心理。如时令刀鱼菜单、桂花全鸭菜单、羊肉美食菜单、海参菜单、菌菇美食套餐菜单等。

②以节日为主题命名。随着人民生活水平的提高，人们对节假日非常重视。各饭店以国内外各种节日及法定的假期作为餐饮营销的一个卖点，精心设计，科学命名各种菜单。

如春节是我国的传统节日，从除夕至正月十五能设计出各式风格多样、主题新颖的宴席或套餐。如“恭喜发财宴”“全家团聚宴”“元宵花灯宴”等，还有“吉祥如意套餐”“元宵欢腾套餐”“除夕迎新年套餐”等。再如中秋节可设计“中秋赏月宴”“丹桂飘香宴”等，圣诞节可设计“圣诞狂欢夜套餐”“圣诞平安夜套餐”等，“五一节”“国庆节”可设计“旅游休闲套餐”“金秋美食套餐”“欢度国庆宴”等菜单。

③以菜系、地方风味为主题命名。此类菜单是最为常见的，如“江苏风味宴”“四川风味宴”“粤菜风味宴”“鲁菜风味宴”，还有“藏族风味菜单”“维吾尔族风味菜单”等。

④以名人、仿制古代菜点为主题命名。中国烹调之所以历史悠久、誉满世界，与历史上许多名人、名著、名厨有很大关系。可根据本地区、本饭店的经营特点和技术力量，在继承和发展中国烹调技术的基础上，不断挖掘研究古代菜点，推出以名人、名厨等命名的菜点与宴席。如“东坡宴”“谭家宴”“孔府家宴”“乾隆御膳宴”“红楼宴”“随园食单宴”“满汉全席”等菜单。

⑤以某一技法和食品功能特色为主题命名。当今，以某一种烹调操作技法或某一类食品的营养功能为特色的菜单，大为流行。如以烹调操作技法主题命名的“铁板系列”“砂锅系列”“火锅系列”“烧烤系列”等。还有以食品功能特色为主题命名的“美容健身席”“延年益寿席”“潇洒风范席”“滋阴养颜席”等，深受人们欢迎。

⑥以喜庆、寿辰、纪念、迎送为主题命名。无论政府机关、企事业等单位，还是民间，以喜庆、纪念、迎送等为主题命名的菜单很多：

a. 以喜庆为主题的，如婚宴菜单中“珠联璧合宴”“百年好合宴”“金玉良缘宴”“龙凤呈祥宴”“永结同心宴”等。再如重大节日和事件的菜单有“国庆招待宴”“庆祝香港回归宴”“庆祝工程落成宴”“祝捷庆功宴”“乔迁之喜宴”等。

b. 以生日寿辰为主题的，如“满月喜庆席”“周岁快乐席”“十岁千金席”“二十成才席”“松鹤延年席”“百岁寿星席”等。

c. 以纪念为主题的，[illegible]

d. 以迎送为主题的，[illegible]国宴”等。

⑦以地方特色菜点[illegible]因气候、生活习惯的不同，各地都有乡土菜[illegible]有深受广大民众、工薪阶层的欢迎，我们可根据这些主题来命名菜单，如“夫子庙小吃菜单”“江南水乡菜单”“岭南秋色菜单”“绍兴风味菜单”“山城土菜菜单”等。

⑧以创新菜点为主题命名。菜点创新，是餐饮业永恒的主题。可用各种创新菜肴为主题来命名菜单，如“古菜翻新菜单”“菜点合一菜单”“中西合璧菜单”“以素仿荤菜单”等。

在探讨菜单与宴席设计的命名时，不仅要突出主题，力求菜单和菜名名副其实，足以体现其特色；而且还要体现文化内涵，做到雅致得体、朴素大方，不可牵强附会、滥

用辞藻。

2)宴席菜单的呈现方式

菜单与宴席的种类很多，无论设计哪一类的菜单，其设计的程序基本相似，主要包括如下几方面：

(1)确定菜单类别

不同类别的菜单，其设计要求和内容也不一样。为满足顾客的饮食需求，在菜单设计中菜肴的品种、风味要多样，数量相对要多一些，便于顾客自由挑选，而团体套餐根据饮食对象、用餐规格和档次应做到每顿饭菜不一样，菜肴的品种、数量以够吃为标准，以顾客满意为目标。

(2)确定菜单规格

菜单规格的高低取决于菜品类别的性质和特点。不同的菜品有不同的规格要求，就是同一类菜品其规格要求也不一样。这与餐厅所处的环境、客人对菜品的要求有一定的关系。

(3)确定菜品原料

当菜单的类别和规格确定后，就要对菜单中每一道菜肴的原料的数量、品质、配料的搭配比例等做出必要的规定，还要了解各种原料的供求情况，掌握本企业对各种原料的采购能力和库房、冷库的储藏水平，确保菜单中的每一道菜品原料的供应。

选择菜品原料要充分考虑民族风俗习惯。

(4)确定菜品名称

菜品的命名往往直接影响顾客对菜肴的选择和购买，一份好的菜单所设计出的菜名必须名副其实、雅致得体，给人以艺术和美的感受。为此，在给菜品命名时，要掌握其中的原则和方法。

(5)确定菜品价格

菜品价格的确定是菜单设计中最重要的环节，因为菜单中产品价格的高低直接关系到顾客的购买行为，影响产品的成本控制和企业的经营效益，所以在确定菜品价格时应注意以下3个问题：

①必须了解产品价格的构成。

②必须了解影响产品的价格因素。

③必须了解产品定价策略。

确定菜品的价格不仅要掌握产品价格的构成、影响产品价格的因素与产品定价策略等方面的知识，而且要不断分析餐饮市场的竞争态势，灵活确定每一个菜品的价格，以利于

企业的赢利和发展。

(6)确定菜单制作

菜单既是餐饮生产和经营的计划书，又是向顾客宣传、推销产品的工具，菜单制作从菜单的形式、内容的编排、制作材料的选择到文字的设计等无不是一项技术与艺术相结合的工作。

①菜单的形式。菜单的形式与颜色多种多样，怎样使菜单既有丰富的内容，又有吸引顾客的式样和外表？关键是菜单的格式、精美程度是否与餐厅的装饰环境相协调。目前最常用的菜单有以下几种形式：

a.单页式。单页式一般用于快餐、咖啡厅等，以及特选菜单、时令菜单等，这类菜单多为一次性菜单，很少重复使用。

b.折叠式。折叠式菜单多为对折或三折的形式，一般用于各种宴席菜单。这类菜单设计精美，引人注目，一般放在主人或主宾的位置，如有十分隆重或重要的宴席，则每人一份菜单，可以平放或竖立在桌面上，起到点缀餐桌、吸引顾客、扩大宣传的作用。

c.书本式。书本式菜单是酒店常见的一种菜单，一般用于零点菜单。这种菜单封面硬朗漂亮，内容丰富，菜肴排列有序，顾客可按照菜品的排列逐页挑选自己喜欢的菜肴。

d.活页式。活页式菜单可根据季节的不同、饮食对象的差异、市场需求的变化和竞争状况等因素，及时调整菜单的某些品种和价格，而不必重新制作菜单封面。这种形式的菜单能节约成本，方便实用。

e.悬挂式。悬挂式菜单常用于客房内的菜单。这种菜单一般悬挂于客房门把手一侧的墙上，易于顾客发现、阅读和选用菜肴。

f.艺术式。艺术式菜单就是具有一定的艺术造型、丰富多彩的菜单的总称。这类菜单多为重大节日、推销美食节等而设计，如用于春节推销的宫灯式的喜庆菜单，圣诞节推销的圣诞老人菜单或是松树状菜单，螃蟹美食节推销的螃蟹状菜单等。

②菜单的内容。菜单的内容设计要根据整个餐厅的经营范围、服务方式、菜肴的类别等因素来编排，其顺序应根据人们的就餐顺序和思维次序来安排。有关中餐菜单内容的编排主要有以下几种方法：

a.按菜肴的类别来编排。

b.按菜肴所用的主料来编排。

c.按烹调方法来编排。

d.按盛器或加热方法来编排。

e.按菜肴风味或菜系来编排。

f.按推销产品的方法来编排。

g.按宴席的类别来编排。如生日菜单、婚宴菜单、各种美食节菜单、各种商务宴席菜单、各种招待宴席菜单等，这类菜单要根据饮食对象、规格和要求，从冷菜、热菜、点心到甜品、水果等形成一整套的菜单。

h. 按菜肴的饮食功能来编制菜单。如滋补类、养颜类、健美类、美容类等。

上述各种菜单内容的编排方法，除顺序上有一定的规律外，在每个菜的数量和价格上也有一定的规定。如零点菜单必须标明每个菜的价格，有的还要明确主、辅料的品种和数量，有的旁边还附上彩照等。

有关团体套餐和各种宴席菜单等都要按要求规定每套菜的规格和价格等。

③菜单的制作。制作一份理想的菜单，除了要选定好菜单的形式和内容外，还要注重对菜单的用纸、字体、规格、色彩与图案、装帧方法等方面的要求；菜单规格的大小与其类别、形式及餐厅风格有密切联系。最常见的菜单有如下几种规格：

a. 单页式菜单，规格一般是 28 厘米×40 厘米。

b. 折叠式菜单，对折菜单，规格一般是 21 厘米×21 厘米；三折菜单，规格一般是 21 厘米×33 厘米；四折菜单，规格一般是 21 厘米×44 厘米。

c. 书本式菜单，规格一般是 36 厘米×52 厘米。

d. 活页式菜单，有大有小，小的规格一般是 22 厘米×22 厘米，大的规格一般是 35 厘米×52 厘米。

e. 艺术性菜单，规格更是多种多样，完全可根据餐厅的风格、菜品的类别来精心设计，要求造型别致，形状多样。

从内容来说，菜单不但是宣传餐饮企业产品的种类、价格、质量的主要文件，还是餐饮企业向顾客提供服务项目的承诺书。所以，在设计菜单内容时，应做到如下几点：

a. 菜单内容不能随意涂改。

b. 菜单中的品种必须保证供应。

c. 菜单中的菜名要便于理解。

d. 菜单基本要素不可缺少。

【课堂练习】

1. 宴席菜单设计的指导思想包括哪 4 个方面？

2. 在进行宴席菜单设计时，需遵循什么原则？

3. 分述菜单与宴席命名方法，并举例说明。

4. 收集 5 种不同的菜单，并分类说明每种菜单的类别及其菜品的命名方法。

5. 请根据所学知识设计一份中式生日宴菜单。

根据菜单与宴席设计的原则与要求，试设计一份 70 周岁生日宴席菜单。具体要求

如下：

（1）人数：20人；季节：秋季；价格：每人100元（酒水除外）。

（2）规格：冷碟8个，热菜10道（包括2道甜菜），汤羹1道，点心2道，主食1道，含水果拼盘；销售毛利率：50%。

【课堂效果评价】

日　期	年　月　日	信息反馈	备　注
理论知识掌握情况			
专业概念掌握情况			
自主学习情况			
个人学习总体评价		（　）　（　）　（　）	
小组总体评价		（　）　（　）　（　）	
困惑的内容			
希望老师补充的知识			
教师回复			

【知识拓展】

案例一：

广州某大酒楼于20××年7月中旬举办为期一周的“绿色美食节”。绿色菜式家族中，根茎花叶实，甜酸苦辣，样样齐备，或蒸，或煮，或烧，或炸，或炒，那些普普通通的瓜果蔬菜既有清新的口味，又有丰富的营养，诸如原汁南瓜鸳鸯鸡、凤梨什锦船、八宝冬瓜盅、香蜜如意舫、甘笋汁馒头、菜汁花卷等，鲜美爽口，无不让人吃出新感觉。

南京某大酒店于20××年初春举办别开生面的“春之梦美食节”，在美食节期间推出“辞岁迎春宴”（1 688元/席・酒外）、“江南水乡宴”（1 288元/席・酒外）、“特选点菜菜单”。其“特选点菜菜单”的主要菜品有豉油炒腌鲜、银杏鸭舌串、百合炒鲜鱿、椒盐银丝球、烟熏封牛信、菊花山鸡柳、水晶玉带虾、鲜奶焗玉簪、双圆炖野鸭、蟹粉珍珠羹、植物四宝、茶米蒸火方、蜜汁双芋、小笼汤包、萝卜丝酥饼、蟹壳葱油饼、翡翠烧卖等。

解答：

餐饮企业的经营者们为了获取好的社会效益和经济效益，除了做好优质服务以外，还必须把目光盯在“餐饮特色”上，不断优化菜品质量，并根据季节、对象、市场行情的不同做出相应的变化和调整。美食节活动与菜单的推广正好迎合了人们的这一需求，从而产生新、奇、特的效果。上述两个美食节的宣传单，就是从“新”“特”的角度，展现饭店餐饮经营的特色。“绿色美食节”体现的是绿色时尚美食，“春之梦美食节”带来的是春天的气息。它们有一个共同的特点，即给原有的餐饮增添了新的风格、新的菜品，并从健康、营养的角度提供新鲜、芳香的菜肴，这是广大顾客都比较向往和喜爱的，其显然能激起顾客的兴趣，吸引顾客前往。“绿色美食节”主要推出的是零点菜单，各种根、茎、花、叶、实等绿色原料任君品尝。“春之梦美食节”既推出了零点特选菜单，又有宴席菜单供人们选择，是一种综合性美食节菜单，人们选择的余地较大。美食节菜单的推广，不仅增加了餐厅的人气，而且可为企业带来可观的经济效益和社会效益。

案例二：

贺寿宴菜单设计案例

1. 冷菜

主盘：松鹤延年（用香菇、黄瓜拼装成松树，用鸡脯、蛋白、黄瓜拼成鹤），点出宴席主题——庆贺延年益寿。

围碟：五子献寿（5种果仁镶盘）；四海同庆（4种海鲜镶盘）；三星猴头（凉拌猴头菇）。

2. 热菜

主菜：儿孙满堂（鸽蛋扒鹿角菜）；天伦之乐（鸡腰烧鹌鹑）；长生不老（海参靠烹雪里蕻）。

副菜：洪福齐天（蟹黄油烧豆腐）；罗汉大会（素全家福）；五世祺昌（清蒸鲳鱼）；彭祖献寿（茯苓野鸡羹）；返老还童（金龟烧童子鸡）。

汤菜：甘泉玉液（人参乳鸽炖盆）。

寿点：佛手摩顶（佛手香酥）。

寿面：福寿绵长（伊府龙须面）。

寿酒：山东至宝三鞭酒。

3. 菜单说明

这是一份贺寿宴菜单，是庆贺宴的代表。整个宴会菜单围绕一个“寿”字做文章，宴会设计以“寿星”为中心进行，菜谱安排也考虑了寿星的爱好和需要，突出了敬老爱幼、家庭和睦、享受天伦之乐的宴饮主题。

在菜肴结构和数量方面，充分考虑了老人饮食少而精的特点，整个菜品数量较之婚

宴、生日宴等要少，只安排四冷碟（老人不宜多食冷食），热菜也只有8道，汤只有1道，考虑到多数老人不喜欢甜食，所以省了甜汤。

在菜品选择方面，菜品品种符合老年人的饮食喜好。一般来说，老年人喜欢软烂、清淡或滋补的菜品。因此整体菜肴口味都比较清淡，没有太甜、太酸或偏辣的菜肴，比较适合老年人的口味。

在菜肴质地上，大多是用烧、烩、蒸、熬等烹调方法制作的菜肴，质地软嫩、酥烂，受到大多数老年人的欢迎。菜肴在选料上也充分考虑了滋补功用，如猴头菇、鸽蛋、海参、茯苓、野鸡、金龟、人参、乳鸽等原料，针对老年人中气虚弱、体倦乏力能起到清利湿热、益阴补血等滋补疗效。

项 目 3

宴席菜品设计

【项目导学】

✧任务 1　宴席菜品设计的基本要求

✧任务 2　宴席菜品的分类与构成

【项目要求】

✧1. 了解宴席菜品设计包含的内容。

✧2. 理解宴席菜品设计的基本要求。

✧3. 熟练掌握宴席菜品的分类与构成；学生学习后能使设计的宴席菜品符合宴席要求，与时代接轨。

【情景导入】

某餐饮集团下属的一家酒店，生意相当火爆，每天前来就餐的人员都要排队等号。但近期却有不少客人投诉菜品卫生质量不过关，并且菜品的种类搭配与口味与之前相比不够丰富，稍有逊色，一些销售量大的菜点有近 50% 的剩余。如果你是该集团总经理，你会如何做？怎样才能既满足客人的需求，又缓解酒店经营的压力，使企业的经营效益不断提高？

任务1　宴席菜品设计的基本要求

【知识库】

1)原料选用的多样性

原料不仅是菜肴风味多样的基础，而且是提供给人类多种营养素的主要来源。同时，我们还要注重选用时令原料，不同季节和地区的原料品质也不一样。俗语道："菜花甲鱼菊花蟹，刀鱼过后鲥鱼来；春笋蚕豆荷花藕，八月桂花煮芋头。"如长江刀鱼每年过了清明节，骨头就变硬，肉质就没有那么鲜美；油菜花盛开时，甲鱼最肥美；菊花盛开时，螃蟹最肥壮；荷花盛开时，藕最鲜嫩等。这充分说明不同季节都有不同的时令原料，只要我们注重原料选用的多样性，就会给人物鲜为珍、物稀为奇的新鲜感。

2)烹调方法的多样性

在宴席设计中要讲究菜肴烹调方法的变化，因为采用不同的烹调方法，可以形成不同风味的菜肴，如果一份菜单中只采用一两种烹调方法，尽管所用的原料不同，其口感也大同小异，显得单一、平淡、枯燥，甚至使人厌食。因此，在设计菜单时，应根据顾客的需求，利用各种原料的特性，采取多种烹调方法，如炒、烩、蒸、烧、烤、炸、氽、拌、卤等，使菜单中所有的菜肴做法不重复、不枯燥，使顾客真正得到实惠，享受到美食的乐趣。

3)调和滋味的起伏性

味是菜肴的灵魂，任何一道菜肴都应具有其独特的风味，在设计菜单时，无论是零点菜单、套餐菜单，还是宴席菜单，都要考虑到味的变换和味的起伏。要根据本地区、本企业顾客群的饮食习惯，不断地研究探讨各种菜肴的味型；要引进、利用国内外新型的调味品，经过科学地调配设计出多种味型，如酸甜味、麻辣味、酸辣味、咸鲜味、咸辣味、鲜香味、苦辣味等各种复合味，使菜肴口味有起伏、有变化，让顾客感到"五滋六味，回味无穷"。

4)菜肴色彩的协调性

菜肴色彩搭配的合理与否，最能影响顾客的食欲。我们在设计各种菜肴时要尽可能利用原料的自然色彩和加热调味后的颜色，外加一些点缀的色彩和器皿的颜色等进行精心设计、合理搭配，使菜肴的颜色更加绚丽多彩，让人赏心悦目。

(1)要尽量利用食品原料的自然色彩

要通过合理的烹调与组合，最大限度地显示出菜肴的自然美，但不能为了增加菜肴的颜色，就有意使用一些超标准的食用色素。

(2)要尽量保证菜肴的食用价值

在菜单设计中，不能一味地为了追求菜肴色彩的漂亮，而采用一些不能食用或口感较差的、生的原料或一些工艺制品来点缀菜肴，这会造成菜肴生熟不分、主次不明、华而不实，影响菜肴的食用价值，甚至引起食物中毒。

(3)要尽量考虑整体的色彩搭配

在菜单设计时，要做到整桌菜肴的颜色搭配巧妙、层次分明、鲜艳悦目、五颜六色，不但能使宾客增加食欲，而且给人一种美的享受。

5)菜肴形状的丰富性

在菜肴设计时，要注重每道菜的形状变化，因为形状多变，不仅可以带给宾客多姿多彩的感觉，而且可以带给宾客艺术的享受。我们应根据不同性质、不同档次、不同民族、不同地区的风土人情及饮食习惯，抓住菜肴形状变化来设计菜单。

(1)要注重原料的形状变化

在设计每一份菜单时，应尽量做到每一道菜肴的形状都不一样，如丁、丝、条、片、块、段等，还有经过刀工处理的象形形态，如菊花形、玉米形、荔枝形、核桃形、麻花形、松鼠形、飞燕形等。

(2)要注重装盘的造型变化

装盘的造型艺术是多种多样的。无论是冷菜、热菜还是点心，只要精心设计，就可以组合成各种形态的菜肴，形状的变化有动感的，也有静态的，能够给人一种栩栩如生的感觉，起到美化菜肴、烘托气氛、增进食欲的作用，使人们在品尝美味佳肴的同时得到一种艺术享受。

(3)要注重盛器的形状变化

盛器形状和品质千差万别，利用好这些盛器，将对菜肴的形状变换起重要的辅助作

用。例如：从盛器的品质来讲，有陶瓷制品、玻璃制品、金属制品、塑料制品、木制品以及食物制品等；从盛器造型来讲，有盘、碗、碟、盅、杯、锅以及各种象形的器皿。所以，只要根据菜肴的性质和特点，合理选用、组配不同品质和形状的盛器，必将对菜肴起到锦上添花的作用。

6)菜肴质感的差异性

菜肴质感的好坏直接影响宾客的食欲和身体健康。在设计菜单时，要根据饮食的对象和季节，采取不同的烹调方法，使菜肴的质感能满足宾客的需求，为此，应抓住两方面的内容：一是在菜单设计中尽量考虑每一道菜质感均不一样，有软、硬、嫩、酥、脆、肥、糯、爽、滑等多种特点，应当让宾客享受到多种质感，满足其生理上的需求；二是按照饮食的对象来设计菜肴的质感，如儿童喜食酥脆的菜肴，老年人喜食酥烂、松软、滑嫩的菜肴，青年人体质好、活动量大，喜食硬、酥、肥、糯的菜肴等。

7)菜肴品种的比例性

设计零点菜单、团体套餐或是宴席菜单时，必须要掌握各种菜肴的比例关系。一般菜单的菜品组合有冷菜、热炒、大菜、点心、汤类、甜品等。但由于餐厅的规模，各地区的风俗习惯、饮食习惯不同，菜单中菜肴品种的多少应有很大的差异。

(1)零点菜单中菜肴品种的比例

零点菜单中菜肴的品种相对来说，要比宴席菜单、团体套餐的品种多很多，菜肴的品种总计100～200种不等，以便宾客有自由挑选的余地。

(2)团体套餐菜肴品种的比例

团体套餐菜肴主要根据用餐的标准和档次来决定菜品的数量和种类。一般团体套餐的人均消费水平不太高，以吃饱为目的，也有一些团体套餐会用一些酒水。所以，在安排菜品时，一般安排6～10个冷菜，荤菜搭配比例为3：2或1：1左右；安排5～10个热菜，荤菜搭配比例为3：1或5：2左右；一般安排2～4道点心。

(3)宴席菜肴品种的比例

宴席菜肴因菜系的不同，各地区的饮食习惯、风土人情的不同，宴席的档次、价格的不同，品种的搭配比例有很大的差别，中餐宴席菜品通常包括冷菜、热菜（炒菜、素菜、大菜、汤羹）、点心、甜品、水果等。

8)菜肴组合的科学性

菜单的设计要从宾客的需求出发，因地区、职业、年龄、性别、身体状况、消费水平等方面的不同而有差异。清代文人袁枚在《随园食单》一书中就宴席菜的组合有论述，上菜要“盐者宜先，淡者宜后；浓者宜先，薄者宜后；无汤者宜先，有汤者宜后。且天下原有五味，不可以咸之一味概之。度客食饱，则脾困矣，须用辛辣以振动之”。这些基本法则，在当今的宴席设计中依然有一定的参考价值。

任务2　宴席菜品的分类与构成

【知识库】

1)宴席菜品的分类

(1)宴席菜品的类别按原料属性划分

宴席菜品按照原料属性划分，可分为荤菜、素菜。

(2)宴席菜品的类别按国别划分

宴席菜品按照国别划分，可分为中国菜、法国菜、土耳其菜等。

(3)宴席菜品的类别按用途划分

①家常菜：

a.城乡居民家中烹制的菜品。

b.佐饭为主，口味相对较重。

c.以当地物产为主，工序简短。

d.菜品规格较低。

②宴饮菜：

a.用以辅佐饮酒而设置的菜品。

b.食用为主，口味相对清淡。

c.选料广博，制作精。

d.菜品规格相对较高。

家常菜：酸辣肥肠

宴饮菜：鸡汁菜心

③食疗菜：

a.具有食治双重功能的菜品。

b.食用为主，兼具治疗功效。

c.配搭合理，做工考究。

d.因人而异，对症而施。

④祭祀菜：

a.祭奠鬼神、先祖等设置的菜品。

食疗菜：虫草鳖裙羹

b.为亡灵而设，可生可熟。

c.按食规制作、按食礼处置。

d.食用功能居次，重在表达心愿。

2)宴席菜品的构成

(1)冷菜

①单盘；②拼盘；③主盘加围碟。

海外引进的刺身船，也可冷制冷吃，例如广式的卤水拼盘、腊味盖碗，特色冷菜加味碟。

(2)热菜

①热炒：通常要求采用滑炒、煸炒、干炒、炸、熘、爆、烩等多种方式烹制，从而达到菜品口味和外形多样化的要求。

②大菜：由整只、整块、整条的原料烹制而成，装在大盘（或大汤碗）中上席的菜品称为大菜。它通常采用烧、烤、蒸、熘、炖、焖、熟炒、叉烧、氽等多种方法进行烹调。

(3)甜菜

通常采用蜜汁、拔丝、挂霜、汤羹、熘炒、冷冻、蒸等多种烹调方法熟制而成，多数是趁热上席，在夏令季节也有供冷食的。

(4)素菜

由蔬菜经炒、烧、扒等方法制作而成，起到解腻和营养平衡的作用。

(5)面点

分为点心、主食和小吃3类。

①点心：系面点之大类，有中点、西点之分（中点如水煎包、四喜蒸饺、白皮酥；西点如榴莲酥、芝士蛋糕、巧克力饼干）。正常是两道，大多为一甜一咸，或一荤一素，或一酵一酥。

②主食：指以炒饭、粥、面、饼等充当正餐的食品，一般宴席只选1种，只上1道。

③小吃：指正餐和主食之外用于充饥、消闲的食品，如云南过桥米线、炒河粉、山东煎饼。

(6)水果与饮品

水果拼盘、冰激凌。

总而言之，以上不同品种与不同形式的菜品，既有原料种类的不同，又存在烹饪方法的差别。只有这样，才能使一套宴席菜品产生丰富多彩的效果。一旦确定菜肴的顺序，就依照排菜的顺序上菜，通常是先冷后热，先菜后点，先炒后烧，先咸后甜，先浓后淡。

3）宴席菜品搭配比例

宴席的档次不同，菜品种类搭配比例也应随之变化，通常变化规律如下：

①一般宴席：冷菜约占10%，热菜约占50%，大菜约占30%，点心水果约占10%。

②中等宴席：冷菜约占12%，热菜约占48%，大菜约占30%，点心水果约占10%。

③高级宴席：冷菜约占15%，热菜约占25%，大菜约占45%，点心水果约占15%。

④特级宴席：冷菜约占15%，热菜约占20%，大菜约占50%，点心水果约占15%。

总之，确定菜品规格比例应根据餐饮市场与饮食对象的变化而变动调整。

同一种菜品中的品种搭配，是指一道菜可由一种以上的品种组成，这一点应学习西餐的菜品搭配方法，比如在大菜中配一些开胃菜。

【课堂练习】

1. 根据所学内容，掌握宴席菜品的组培，按要求填写菜肴成品特点：

健康膳食宴席菜单								
类　别	菜　名	主　料	烹　法	色　泽	质　地	口　味	外　形	成　本
冷菜	糖醋油虾	河虾	炸/渍	红亮	外脆内嫩	酸甜	自然性	5元
	山椒木耳							
	西芹百合							
	水果沙拉							
热菜	三色鱼丝	才鱼	滑炒	白色	滑嫩	咸鲜	丝状	11元
	八珍豆腐羹							
	茄汁菊花鱼							
	鲍汁海参							
	火腿冬瓜							
	香橙虫草鸭							
主食	荞麦凉面							

2. 宴席的档次不同，菜品种类搭配比例也应随之变化：

（1）中等宴席：________约占12%，热菜约占________，________约占30%，点心水果约占10%。

（2）高级宴席：冷菜约占________，热菜约占________，大菜约占45%，点心水果约占15%。

（3）特级宴席：冷菜约占15%，热菜约占________，大菜约占________，点心水果约占15%。

【课堂效果评价】

日　期	年　月　日	信息反馈			备　注
理论知识掌握情况		☺	😐	☹	
专业概念掌握情况		☺	😐	☹	
自主学习情况					
个人学习总体评价		（　）	（　）	（　）	
小组总体评价		（　）	（　）	（　）	
困惑的内容					
希望老师补充的知识					
教师回复					

【知识拓展】

曲阜·孔府宴

孔府，是孔子及其后人居住的地方，是典型的中国大家族居住地和中国儒家文化发祥地，历经2 000多年长盛不衰。在孔府既举办过各种民间家宴，又宴迎过皇帝、钦差大臣，是集中国宴席之大成所在。

孔府宴是孔府接待贵宾、祝贺上任、进行祭祀、庆贺生辰、操办婚丧事宜时特备的高级宴席，是经过数百年不断发展充实逐渐形成的一套独具风味的家宴。孔府宴礼节周全，程式严谨，是中国古代宴席的典范。

“孔门六艺”的灵感来自孔子一生推崇和倡导的君子六艺。“孔门六艺”是从冷盘开始的一席家宴，气场十足，金钱牛腱、原汁海螺冻、苦菊贝裙、凉拌海蜇、糟卤鸭舌、麻香芹菜苗，荤素搭配，滋味丰富，更对应着“礼、乐、射、御、书、数”6种技艺。

据说在曲阜，常常一道菜上来，大人们就会考小孩关于菜名的典故。“鲁壁藏书”——这道菜就是源于公元前221年，秦王焚书坑儒，孔子第八世孙孔鲋将书藏于孔子古宅墙壁内的典故。

到曲阜，品孔府宴，收获的不仅是口腹之欢，更是收获了一场儒韵飘香的精神洗礼。

项 目 4

宴席菜单设计的注意事项

【项目导学】

- 任务 1　宴席菜单设计应注意的一般事项
- 任务 2　不同类型宴席菜单设计的注意事项
- 任务 3　不同特点宴席菜单设计的注意事项

【项目要求】

- 1. 掌握菜单菜点的选择和组合应注意的一般事项。
- 2. 了解不同类型的宴席菜单及菜点设计应注意的事项。
- 3. 了解不同规格、不同季节的宴席菜单设计应注意的事项。
- 4. 理解受不同风俗习惯影响时，宴席菜单设计应注意的事项。
- 5. 熟悉接待不同宴饮对象时宴席菜单设计应注意的事项。

【情景导入】

9 月底一个上午，刘总的办公室正开着一个小型会议。与会者除了刘总和办公室主任外，还有餐饮部经理、厨师长和两位主管，每人手里拿着一份最近两个月的菜肴销售情况分析表。他们对菜单上每道菜进行认真细致的分析，把销售情况呈明显下降趋势的 4 道菜删去，并提议试销葱爆腰花和蚝油牛肚等 6 道特色菜品。那么在进行菜单分析设计时，除了更新菜单上的创新菜之外，还需注意些什么呢？

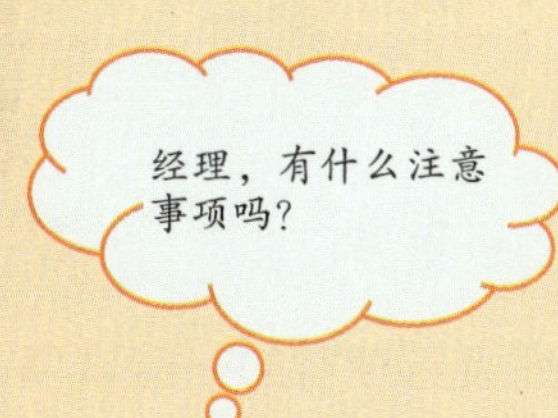

任务1　宴席菜单设计应注意的一般事项

【知识库】

1)宴席菜单设计形式的检查

①菜目编排顺序是否合理。

②编排样式是否布局合理、醒目分明、整齐美观。

③是否和宴席菜单的装帧、艺术风格相一致，是否和宴席厅风格相一致。

在检查过程中，如果发现有问题的地方要及时改正，发现漏洞要及时修补，以保证宴席菜单设计质量的完美性。如果是固定性宴席菜单，设计完成后即直接用于宴席经营；如果是为某个社交聚会设计的宴席菜单，设计完成后，一定要让顾客过目，征求意见，得到顾客的认可；如果是政府指令性宴席的菜单设计，要得到有关领导的同意。

2)关于烹饪原料的选择与利用应注意的一般事项

设计宴席菜单，进行菜品组合，烹饪原料的选择和利用是要优先考虑的问题，以下几点是值得注意的基本问题。

①选用市场上易于采购的原料。

②选用易于储存且能保持质量的原料。

③选用能够保持和提高菜品质量水准的原料。

④选用易于烹调加工的原料。

⑤选用有多种利用价值的原料。

⑥选用有利于提高卫生质量和对人体健康无害的原料。

⑦及时选购时令原料。

⑧选用有助于稳定菜点价格的原料。

3)关于菜点的选择和组合应注意的一般事项

宴席菜品的选择和组合空间很广，组合的方式也有很多，但必须以顾客对菜品的喜好为基础。顾客对菜品的喜好既有共性，也有特殊性，下面说明的是应该注意的共性问题。

①不选用绝大多数人不喜欢的菜品。

②慎用含油量大的菜品。

③不选用质量不易控制的菜品。

④不选用顾客忌食的菜品，例如，忌给佛教徒吃荤腥，忌给信奉伊斯兰教的人吃猪肉等。

⑤慎用色彩灰暗、形状恐怖的菜品。

⑥不选用厨师不熟悉、不能操作的菜品。

⑦不选用重复性的菜品。

⑧不选用有损饭店利益与形象的菜品。

任务2　不同类型宴席菜单设计的注意事项

【知识库】

1）大型中式宴席菜品设计应注意的事项

①选用工艺流程不太复杂、加工费时少的菜品。诸如蛋烧卖、八宝鸡、松子肉、花色蹄子菜之类的菜品最好不选用，换句话说，要选用易于批量制作的菜品。

②选用易于场地准备和设备加工的菜品。

③选用有助于控制菜温、保持外观质量的菜品，而拔丝类菜品就不宜选用。

④选用口味精致醇和的菜品，不选用口味过于厚重的菜品，不选用顾客吃后满嘴荤腥味不易散发掉的菜品，如有生洋葱、生大蒜之类的菜品。

⑤选用顾客取食方便且能优雅地进食的菜品。那些让顾客难以在公众场合轻巧而优雅地吃下去的菜品，如螃蟹、带骨的鸭掌，以及太过坚韧需要撕咬的食物最好不选用。

⑥选用刺激味不太强烈的菜品。过于强烈的刺激味，如辣味、麻味，一是很多顾客接受不了，二是顾客吃后满脸会汗如雨下，有观之不雅之嫌，而频频发出的啧嘴声，也会煞宴席风景。

⑦多用实惠丰足的大件菜，少用量少道数多的小件菜。

2）自助餐宴席菜单设计应注意的事项

①设计前要了解自助餐宴席的主题、用餐标准、客人的组成及人数等情况。

②要根据客人的需求，突出自助餐菜品风味，或是我国的地方风味菜品，或是西方不同国家的风味菜品，或是中西混合的风味菜品。

③根据就餐人数多少，合理确定菜品数量。一般以人均 1 000 ~ 1 500 克熟食为宜。100 人以下的自助餐会，菜品品种为 20 ~ 40 种；100 ~ 500 人的自助餐会，菜品品种为 40 ~ 60 种；500 人以上的菜品品种则在 70 种以上。既要防止菜品过多造成浪费，又要避免菜品过少造成顾客吃不饱的现象。

④要根据标准，确定菜品原料的档次与荤素的比例。

⑤中式自助餐通常由冷菜类、热菜类、汤类、面点类、甜羹类、水果类和饮料类等组成。

西式自助餐菜品通常由汤类、冷盘类、沙拉类、热盘类、甜品与西饼类（包括面包）、客前烹制类、水果类和饮料类等组成。

中西混合式自助餐通常由冷菜类、小吃类、沙拉类、热菜类、客前烹制类、面食类、汤类、甜羹类、水果类和饮料类组成。

⑥尽量选用较为大众化、易于大众接受和喜食的菜品，避免选用过分辛辣刺激、太酸、太苦、太甜的菜品。

⑦菜品的形态设计要以大片或块为主，大小以一口为佳，块形的以方正为主，少用切成丝状的菜式。

⑧要考虑菜品的分批次制作，备有及时替换、添加的菜品；可以设置特色菜品的烹制表演。

⑨要对每道菜品的色彩、造型及装饰美化进行设计，使其以大方美观的形式陈列在餐桌上。

任务3　不同特点宴席菜单设计的注意事项

【知识库】

1）不同规格的宴席菜单设计应注意的事项

①价格高低是宴席规格或档次高低的决定性因素，没有价格标准是无法进行宴席菜品设计的，因为宴席售价决定了菜品原料的选用、菜品的数量、加工工艺的选择及成本的规格要求，菜品的成本核算也必须在确定了售价、规定了毛利率的前提下进行。所以，在宴席菜品设计前要清楚地知道所要设计的宴席标准。

②准确地掌握不同部分菜品在整个宴席菜品成本中所占的比例。

③准确地掌握每一个菜品的成本与售价，清楚地知道它们在宴席菜品中的价格水平，适用于何种规格档次、何种类型的宴席。

④合理地把握宴席规格与菜肴质量的关系。无论何种水平的宴席价格，在菜肴制作的质量上是没有区别的。

⑤高规格的宴席，高档原料可以在菜肴中当主料使用，不用或少用辅料。低规格的宴席，应将高档原料换为一般原料，并增加辅料的用量。

⑥高规格的宴席要设计“粗菜细做，细菜精做”的菜品，数量不宜过多，以体现精致的效果，低规格的宴席每份菜的菜量要足些，口味要做到位，总数量相对要多些。

⑦高规格的宴席菜品中可适当穿插做工讲究的菜肴、花色菜肴，用品位高、形制好的盛器盛装菜肴，并适当增加餐盘装饰。

2）不同季节的宴席菜单设计应注意的事项

①熟悉不同季节的应时原料，知道应时原料的上市下市时间，在应市时间范围内哪段时间品质是最好的，了解应时原料价格的涨跌规律。

②了解应时原料适合制作的菜品，掌握应时应季的制作方法。

③在设计宴席菜品时，要根据时令菜的价格及适应性，将其组合到不同规格、不同类型宴席菜单的各部分菜品中。

④准确把握不同季节人们的味觉变化规律。古人云“春多酸，夏多苦，秋多辛，冬多咸，调以滑甘”，即做到味的调配要顺应季节的变化。

⑤了解人们在不同季节由于味觉变化带来的对菜品色彩选择的倾向性，其一般规律是：夏季的菜品以本色为主，令人有清爽的感觉；冬季的菜品要色彩浓厚，令人有温暖的感觉。

⑥了解人们在不同季节对菜品温度感觉的适应性。一般而言，夏季应增加有凉爽感的菜品，冬季应增加砂锅、煲类、火锅之类有温暖感的菜品。

3）受不同风俗习惯影响时，宴席菜单设计应注意的事项

①了解并掌握本地区人们的饮食风俗、饮食习惯、饮食喜好。

②掌握不同目的性质宴席菜品应用的特定需要与忌讳。

了解不同地区、不同民族、不同国家、不同宗教信仰人们的饮食风俗习惯和饮食禁忌，在接待他们时，做到有针对性地设计宴席菜品。

4）接待不同饮宴对象时，宴席菜单设计应注意的事项

①饮宴对象的构成是很复杂的，因此在接受宴席任务前，要了解饮宴对象的基本构成（如年龄、性别、职业、来自何地等），选择与饮宴对象基本构成情况相适应的菜品组合方法和策略。

②了解饮宴对象的饮食风俗习惯、生活特点、饮食喜好与饮食禁忌，在设计菜品时，选择与之相适应的菜品，不选与之相冲突的菜品。

③在菜品设计时，正确处理好饮宴对象共同喜好与特殊喜好之间的关系。

④一般情况下，把主要宾客的饮食喜好和需求，放在菜品设计时需要注意的主要方面加以考虑。

⑤了解宴席举办者的目的要求和价值取向，并把它落实到宴席菜品设计中。

【课堂练习】

1. 试分述宴席菜单中菜品的选择和组合应注意的一般事项。
2. 举例分述宴席菜单中烹饪原料的选择和利用应注意的一般事项。
3. 试分述设计大型中式宴席菜单及菜品时应注意哪些事项。
4. 试设计一份自助火锅菜单，要求如下：

（1）售价每位50元，另收底汤10元，销售毛利率48%；

（2）品种做到荤素搭配，比例各占50%，品种数量不少于30种，底汤不少于3种。

5. 试分述设计不同规格和不同季节的宴席菜单时应注意的一般事项。
6. 试举例说明接待不同饮宴对象时，宴席菜单设计应注意的事项。
7. 试论述我国各地方的饮食风俗习惯对宴席菜品的要求。

【课堂效果评价】

日 期	年 月 日	信息反馈			备 注
理论知识掌握情况		☺	😐	☹	
专业概念掌握情况		☺	😐	☹	
自主学习情况					
个人学习总体评价		（ ）	（ ）	（ ）	
小组总体评价		（ ）	（ ）	（ ）	
困惑的内容					
希望老师补充的知识					
教师回复					

【知识拓展】

案例：

现代人生活节奏快了、生活好了、收入高了，可吃饭却成了一个比较麻烦的问题。相当多的家庭几乎天天都是凑合着吃顿早餐，每晚下班，或假日外出归来，人们拖着疲惫的身体，也实在懒得下厨房做饭。不过不要紧，现在送餐到户的服务早已开始在市场上走俏。如“永和大王”就会为你服务到家。

最令人叫绝的是，“永和大王”推出了24小时送餐上门服务业务。一到饭点，叫外卖的电话一直铃声不断，生意很火。接线员热情、周到的服务，使人感到他们在提供食品的同时，也在提供一种亲切的服务。

凡是来这里订餐的顾客，“永和大王”都有存档。顾客想吃什么，吃早餐还是晚餐，有过什么建议，都有详细的记载。你如果有特殊要求，他们也会竭尽全力满足。在“永和大王”叫外卖的，除了公司职员、双职工家庭、大宾馆的客人，还有医院的病人、陪住的亲属等。如今，“永和大王”的销售额逐年提升，“永和”的品牌知名度也越来越大。

解答：

外卖送餐到户是一项便民利民的服务。现代人的工作节奏越快，生活越好，就越希望能依赖社会的力量来解决一些切身问题，包括吃饭问题。而“永和大王”就是紧紧抓住人们希望解决吃饭问题的心理，推出送餐到户的服务，以满足客人的实际需要。

“永和大王”送餐服务业务的成功，不仅在于送餐到户，还在于它定位准确、机制灵活、服务一流，这使我们看到了中国外卖餐饮服务的前景和希望。外卖大有文章可做，外卖服务以及送餐到户的餐饮企业将会占领更大的市场份额。

项 目 5

宴席菜单及菜品设计实例

【项目导学】

- 任务 1　中式宴席菜单实例
- 任务 2　中西式自助餐宴席菜单实例
- 任务 3　宴席菜品设计实例

【项目要求】

- 1. 熟悉中式宴席菜单实例设计。
- 2. 了解中西式自助餐宴席菜单实例设计。
- 3. 掌握宴席菜品设计方法与实例。

通过对宴席菜单案例的设计学习与分析，学生应掌握不同类型宴席菜单设计的基本规律与形式。

【情景导入】

上海一家风情餐厅，提供典型的海派美食，其菜单设计亦有不少独到之处。餐单从封面到衬页，每页都印有一幅别致独特的老上海的风情画。封面用重磅涂膜纸，内衬页用淡棕色 80 磅纸。菜肴名称及分类标题易读，全用深棕色印刷。菜肴类别一律用中、英文两种文字表达。

看看菜单吧，菜单是我们的无声推销员！

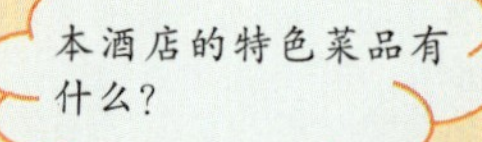

该餐厅提供的各类甜点食品，促销意识甚强，显眼的彩色照片清晰诱人，甜点包括水果和各式冰激凌。顾客在观看、品尝之余，也深深感受到酒店的用心。这份特色菜单为我们提供了什么信息？

任务1　中式宴席菜单实例

【知识库】

1)国宴

国宴是国家元首或政府为招待国宾、其他贵宾或在重要节日为招待各界人士而举行的正式宴席。国宴菜品通常以淮扬菜为基础，汇集各地方菜系整理改良而成。例如，川菜减少了刺激性调料如辣椒、花椒的使用，淮扬菜减少了糖的使用。

菜品一般以清淡为主，口味嫩滑、酥脆、香醇，讲究荤素搭配，力求满足国内外大多数来宾的要求。其中狮子头、佛跳墙、三宝鸭为国宴菜的代表菜。

实例：国宴菜单。

栏果龙虾冷头盘	什锦砂锅
皇室鹅肝鸡清汤	水晶梨炖官燕
鱼翅捞饭	点心
蚝皇禾麻鲍	水果拼盘
神户牛柳扒	

此宴席菜单档次较高，菜品的用料、取材也比较讲究，菜品的命名以写实命名的方法为主，出菜顺序也充分考虑了客人的饮食习惯。

2)国际宴席

案例：由美国《财富》杂志主办的“1999年世界财富论坛年会”即世界500强会议，于1999年在上海举行，上海锦江集团承办了这次宴席（应客人要求此宴席不要冷菜）。

这份菜单意境深远、妙趣横生，菜单里面蕴藏了一首藏头诗。

风传箫寺香（佛跳墙）：形象地描述了福建名菜佛跳墙。

云腾双蟠龙（炸明虾）：清炒虾仁与炸菠萝明虾，通常在菜单中用虾喻龙。

际天紫气来（烧牛排）：紫气东来寓意财富滚滚，祥和如意。

会府年年余（烙鳕鱼）：年年有余，通常在菜单中用“鱼”来寓意有“余”。

财用满园春（美点笼）：满园春色翠竹青青，以竹笼中的花色点心喻之。

富岁积珠翠（西米露）：西米如玉珠晶莹剔透，加翠珠来形容财富的聚积。

鞠躬庆联袂（冰鲜果）：联袂，借各色水果表连环、相聚之意。

前4道菜肴和2道点心的第一个字连在一起，便是“风云际会财富”，最后一道水果的名字，则表示服务员向大家致意，庆祝会议隆重召开与全球经济繁荣。

3）鉴真素宴

案例：扬州大明寺的素宴久负盛名，现代鉴真素宴是淮扬素宴的一个组成部分，特点是素有荤名，素有荤味，素有荤形。鉴真素宴菜单如下：

主盘：松鹤延年

围碟：素鸭脯　素火腿　素肉　发菜卷　炝黄瓜　拌参须　萝卜卷　果味条

大菜：罗汉上素　醋熘鳝丝　三鲜海参　蟹粉狮子头

干炸蒲棒　香酥大排　烧素鳝段　扇面白玉

甜菜：八宝山药

汤菜：清汤鱼丸

点心：人参饼　草帽蒸饺　春蚕吐丝　果汁蹄莲

水果：时果拼盘

4）婚宴菜单（中档）

喜气洋洋——别院摇滚沙拉

山盟海誓——卤水大拼盘

才子佳人——蒜子烧小排

心心相印——人参乌鸡汤

如鱼得水——清蒸鲈鱼

龙飞凤舞——竹荪什菌扒大鸭

鸾凤和鸣——奇味起骨鸡

心想事成——蒜蓉炒菜心

情投意合——上汤浸时蔬

白头到老——海鲜炒饭

一团和气——脆皮麻茸汤圆

情意绵绵——别院精美水果

5）开年宴——吉祥如意宴（普通）

喜庆满华堂——锦绣拼盘

满堂哈哈笑——生灼罗氏虾

新春添锦绣——锦绣松子丁

积金堆玉盆——鸡茸栗米羹

丹凤喜迎春——玫瑰豉油鸡

生财常就手——生菜扒猪手

田园满春色——上汤时蔬

百子喜千孙——香菠咕噜肉

年年庆有余——清蒸鲈鱼

长久欢笑面——九王拌面

星月映光辉——美点双辉

6）商务宴菜单（中档）

凉　菜：锦绣拌菜　兰花蜇头

彩冻凤眼肝　鹿肉拌鹅脯

热　菜：	龙虾伊面	蒜蓉菜心
	绣球海参	白灼芥兰牛柳
	蒜蓉粉丝蒸扇贝	绿乌鸡炖水晶粉
	香煎左口鱼	青瓜虾球腊味
	蒜香小排	六菇会审
点　心：	美点双辉	

任务2　中西式自助餐宴席菜单实例

【知识库】

1)中式自助餐宴席菜单

冷菜类：盐水鸭　油爆虾　五香牛肉　卤水鹅掌　蝴蝶鱼片　凉拌海蜇　白斩鸡　辣白菜　蒜泥黄瓜　卤冬菇　红油莴苣　咖喱冬笋

热菜类：椒盐基围虾　脆皮鱼条　蘑菇烩鸡条　红烧牛筋　京都羊排　烤乳猪　咕咾肉　开洋萝卜条　蚝油生菜　大煮干丝　面拖花蟹草菇鸭舌

汤类：木耳鱼圆汤　山药无骨鸡　排骨冬瓜汤

面食类：素菜包子　扬州炒饭　三鲜炒面　枣泥拉糕　炸春卷　烧麦水饺　山芋煮饭

甜羹类：桂花元宵　橘子西米　冰糖银耳

水果类：橘子　香蕉　葡萄　西瓜　猕猴桃

饮料类：橙汁　牛奶　可口可乐　中国绿茶

2)西式自助餐宴席菜单

汤类：法式洋葱汤　乡下浓汤　海鲜浓汤

冷盘类：烤牛肉片　巴玛火腿蜜瓜卷　香熏鳟鱼　鲜虾多士　胡萝卜丝　西芹丝　番茄　黄瓜　生菜

沙拉类：龙虾沙拉　什肉沙拉　什菌沙拉　土豆沙拉　华杜夫鸡肉沙拉

热盘类：法式焗生蚝　德式煎猪排　意大利烩海鲜　香草烤羊排　红酒煨牛腩　香茅鸡　炸鱿鱼　咖喱蟹香橙鸭　烤鳕鳕鱼　煎三文鱼　土豆球　什锦花菜　沙丁鱼　沙嗲串

客前烹制类：烤乳猪　扒鲜大虾　三鲜意大利面

甜品与西饼（包括面包）类：焦糖布丁　黑森林蛋糕　杧果芝士蛋糕　水果挞　美国芝士饼　面包布丁　巧克力蛋糕　泡芙　水果冻　各种面包

水果类：香蕉　菠萝　西瓜　杧果　猕猴桃　葡萄

饮料类：啤酒　咖啡　橙汁　柠檬茶　牛奶

3）中西混合式自助餐宴席菜单

汤：海鲜浓汤

小肉食：鲜虾多士　葡式鲨鱼球　吉利石斑鱼条　腌肉肠仔卷　咖喱牛肉饺　意大利薄饼　炸多士鱼　炸鸡翅　日式墨鱼仔　家乡咸水饺　潮州粉果　炸芋饺　沙嗲串（猪、牛、鸡）虾饺　烧麦　芝麻油香饼　迷你莲蓉糯米糍　炸茨枣

沙拉类：龙虾沙拉　鲜大虾沙拉　火腿鸭丝沙拉　鲜果沙拉　俄罗斯蛋沙拉　意大利海鲜沙拉　青什菜沙拉　金枪鱼沙拉　鲜露番茄沙拉

冷盘类：杧果带子船　巴玛腿蜜瓜卷　烧新西兰牛排　西洋肠瓤猪柳　鲜果拼火腿　菠菜海鲜拼

席前分割：乳猪全体　美国火鸡　苏格兰烟三文鱼　秘制火腿

客前烹调：新西兰牛柳　斑节虾

热盆：椰汁葡国鸡　红酒煨牛腩　西洋烩生鱼　葡国沙丁鱼　牛油西兰花　扒牛排（腌肉白菌汁）　咖喱羊肉　洋葱烩猪蹄　牛油西芹白菌甘笋　肉酱意粉　干炒火腿意粉　扬州炒饭　蚝油鲜菇　干炒伊面　烟肉炒芦笋

甜品：草莓批　西米布丁　吉士布丁　大苹果批　香芋布丁　杧果布丁　栗子布丁　圣诞卷　花生朱古力饼　圆花饼

合时鲜果：苹果　雪梨　香蕉　柑橘

任务3　宴席菜品设计实例

【知识库】

1)孔府洞房花烛宴

孔府洞房花烛宴即孔府衍圣公大婚庆典，是在洞房中准备的酒筵，有“喜庆花红、早生贵子、白头偕老、合家康泰”等寓意。

四干果：长生果　栗子　桂圆　红枣

四鲜果：石榴　香蕉　橘子　蜜桃

四双拼：凤尾鱼——如意卷　翡翠虾球——白玉糕　水晶樱桃——绣球海蜇　金丝蛋松——太阳松花

四大件：凤凰鱼翅（大件）　芙蓉干贝　炸鸡扇　八宝鸭子（大件）　桃花虾仁　鸳鸯鸡　点心——单麻饼跟银耳汤（各份）　烤火揽鳜鱼（大件）　炒金钱香菇　带子上朝（大件）　冰糖百合　炒口糖　点心——百合酥和桂圆汤（各份）

四压桌：蝴蝶海参、罗汉豆腐、鸳鸯钎手、福禄肘子

2)海参宴（四川风味）

(1)序曲：茶水铁观音一壶

手碟：酱酥桃仁　脆花生仁

开胃酒：桂花蜜酒

开胃菜：糖醋辣椒圈　涪陵榨菜头

羹汤：大枣银耳羹

彩盘冷菜：孔雀开屏

单碟冷菜：灯影牛肉　椒麻鸭掌　五香雨条　糟醉冬笋　糖粘花仁　松花皮蛋

(2)主题歌

头菜：凤翅海参　榨菜香酥鸭子（配荷叶饼、葱、酱）

二汤：鸡蒙葵菜（配萝卜丝饼）

热荤：干烧岩鲤　三鲜汤　醋溜凤脯　素烩干贝　露笋甜菜　红召泥（配冰糖鱼脆）

座汤：清炖牛尾汤（配牛肉焦包、小馒头）

小吃：鸡蛋熨斗糕　担担面

(3)尾声

饭菜：麻婆豆腐　韭黄肉丝　泡青菜头　炒豌豆尖

水果：金川雪梨　江津广柑

3)巴蜀家宴（家常风味）

凉菜：时蔬豆腐卷　水果沙拉　葱酥鲫鱼　卤水金钱肚　洋葱拌木耳　香菜拌心里美

热菜：水煮鱼　银锅韭香鱼丸　家常肠旺　小炒牛蛙　发菜什锦菇　酸菜嫩滑兔　川味豆香鸡　清炒时蔬

汤：西湖牛肉羹

主食：酱油炒饭　鸡蛋灌饼　炒面片　麻团

4)黄河口之韵（家常风味）

筵席选用黄河口大闸蟹、黄河口野生海参、民间笨鸭等原料，改进传统鲁菜烹调方法，菜品呈现出清淡、清爽、清脆、清亮、清嫩的特点。糟熘鱼片儿选用清鸡汤，鱼片洁白脆嫩、汤汁朝香浓郁。滑炒肉丝汤汁清澈，见底肉丝洁白如玉，入口滑嫩。

凉菜：①花色拼盘：秋韵

②精美凉菜：水晶肘子　冰球西芹　宝塔萝卜　翡翠八爪鱼　香椿苗拌核桃仁

迎门点：黄河口蟹黄包

热菜：虫草炖海参　鲁味鲍鱼　烤肘子　跳水萝卜　黄河口八宝鸭　糟熘鱼片儿　韭香虾饼　滑炒肉丝　清炒菜心　珍珠全鱼

席间点：榴莲酥

汤菜：孤岛鲜鱼汤

饭点：黄河口婆婆饼

5)阿胶文化养生宴（食疗）

阿胶文化养生宴依托东阿阿胶进行食材研发，以滋补、养生为主题，蕴含了养生文化、御膳文化、药圣文化、阿水文化、市井文化、民间文化六大文化，体现了饮食理论的时尚与创新。筵席采用传统的“四四席”食单，南北风味兼融，具有强身健体之功效。

迎宾点：阿胶糕　阿胶枣　金薯干　杨梅脯　葡萄　冬枣　蜜桃　紫果

凉菜：水晶什锦　养生三品　花开富贵　金杏迎春　八宝菜　香辣酱　家常菜　拌三丝

菜品：阿胶极品驴八珍　不老上品天龙参　阿井一品烧驴方　洛神豆酥蒸鲢鱼　仲景秘制驴排　神农翡翠豆腐　时珍飘香南瓜　伊尹梦幻金秋　归杞淮山炖龙尾　阿井圣水煲家鸡　真味老火煨豆腐　贵妃养颜阿胶羹

面点：乡村驴肉火烧　灌汤驴肉煎包　太宗驴肉水饺　胶汁驴肉卤面

6)四季养生宴（食疗）

筵席将食物的物性本味与人体的养生之道相结合，注重“春温补，夏生津，秋滋阴，冬滋补”的养生理念，实现科学搭配、膳食平衡。鲁菜膳食中的精髓“功夫养生汤”配以粗粮、牡丹虾及银鳕鱼等，充分体现菜肴自然的物性，达到吃出时尚、吃出健康的效果。

四鲜果：金橘　冬枣　红提　枣柿

四干果：开心果　大杏仁　核桃仁　长生果

凉菜：盐卤萝卜头　秘制疙瘩条　人参肴驴肉　养生时蔬卷　栗米紫薯酪　捞拌芥蓝丝　丁香鱼拌时蔬　美极萝卜皮

热菜：功夫养生汤　杂粮酿海参　五彩牡丹虾　真菌烧螺头　山药牛仔粒　棕香银鳕鱼　桂花焗南瓜　两吃鳜鱼　贝茸浸菠菜　浓汤养生时蔬

面点：水晶状元饺　养生五谷酥　真菌金丝面

【课堂练习】

1. 试设计一份高档的婚宴菜单，要求冷菜6道、热菜8道、点心3道，无饮食禁忌。

2. 试设计一份高档的中式自助餐菜单，要求冷菜8道、热菜10道、汤3道、面食4道、甜羹3道、点心2道、饮料2道，无饮食禁忌。

【课堂效果评价】

日　期	年　月　日	信息反馈			备　注
理论知识掌握情况		☺	😐	☹	
专业概念掌握情况		☺	😐	☹	
自主学习情况					
个人学习总体评价		（　）	（　）	（　）	
小组总体评价		（　）	（　）	（　）	
知识困惑的内容					
希望老师补充的知识					
教师回复					

【知识拓展】

案例：

一家三星级规模的饭店，请来了一家饭店管理公司进行管理。

在饭店开业前夕，老板就对餐厅的点菜菜单进行了设计和定价。翻开菜单，菜肴的价格最低每份30元，大多数菜品在50～100元。尽管门口来来往往的人很多，却很少有人进店用餐，偶尔有客人进来后，看看菜单就走了。而进入餐厅点菜的一些客人都反映，到餐厅用餐没有什么东西吃。菜单中的菜品那么多，为何客人却总是反映没有东西吃？通过细心观察和了解，厨师长发现，主要是客人认为菜价偏高，不敢点菜。餐厅经理和管理公司的厨师长此时不好随便去改动原有菜单，为此，厨师长随即补充了一份简易的新菜单，约30道菜肴，每天随主菜单一起供给客人点菜。随着补充菜单的推出，餐厅的人气逐渐兴旺起来。在这份简易菜单上，大多是15～30元一份的菜肴，相当于在原有中高档菜品种类的基础上又提供了一些相对低价位的菜品。这样充分满足了大多数消费者的需求，餐厅的效益也不断提高。

这家饭店餐厅的生意由冷清变得兴旺起来，其原因主要是一开始餐厅在菜单的定价方面没有充分地考虑客人的消费心理和支付能力，对菜单定价方面的知识了解得还不够。

解答：

从上述案例情况来看，菜单定价的高低一方面要看餐厅所处的位置和档次，定得过高与目标顾客不吻合，很多客人是不敢问津的；倘若定得过低，企业利益将会受损。厨师长补充的菜单，由于价格比较适合本企业的行情，特别是外面如此大的人流量，对这种中档的客源只能提供一些中档客人使用的菜品和价格，加上原先较高档菜品的配合，在接待客人的时候也能起到较好的补充作用，使客人有较大的选择余地，必然会给餐厅经营带来好的起色。综合以上各种因素，菜品价格必须适应本企业目标市场的要求，必须有利于保持自己餐厅的竞争力。

模块3

宴席酒水设计

【学习内容】

- 项目1　酒水在宴席中的作用
- 项目2　酒水与宴席、菜品的搭配
- 项目3　酒水与酒水的搭配
- 项目4　酒水的分类

【学习目标】

一、知识目标

了解酒水在宴席中的作用,掌握酒水的使用及服务方法。

二、能力目标

能够灵活运用酒水知识并以小组合作形式完成酒水的搭配。

三、情感目标

培养创新精神及对本专业的热爱。

项目1

酒水在宴席中的作用

【项目导学】

✧任务1　正确选择酒水增强宴会饮食的科学性

✧任务2　正确选择酒水增强宴会气氛

【项目要求】

培养学生的实际应用能力和水平，使学生对酒水的基本信息有所了解，掌握核心内容，并学会灵活运用。激发学生的创造思维，拓展学生视野。

【情景导入】

许先生带着客户到某星级饭店的餐厅去吃烤鸭。这里的烤鸭很有名气，客人坐满了餐厅。入座后，许先生马上点菜。他一下就为8个人点了3只烤鸭、十几个菜。不一会儿，一道道菜就陆续上桌了。客人们喝着酒水，品尝着鲜美的菜肴和烤鸭，颇为惬意。请问，根据客人点的菜搭配什么样的酒水才更好呢？

任务1　正确选择酒水增强宴会饮食的科学性

【知识库】

1）常用酒品所具有的营养价值

（1）黄酒的营养价值

①黄酒含有糖分、糊精、有机酸、蛋白质、氨基酸、酯类、甘油、高级醇、维生素、无机盐等。

②黄酒的热量：人体靠热量来维持生命、维持生理活动、维持体力和脑力劳动的需要。热量主要靠食物和饮料来供给。每升酒液可供给热量1 200千卡，相当于每人每日热量的1/2，如果喝三两黄酒可供给热量350千卡，等于我们吃二两大米或二两面粉。

③黄酒内的蛋白质和氨基酸：含有维生素 B_1 0.01毫克，维生素 B_2 0.10毫克，是人体补充维生素B族很好的来源。

此外，黄酒内还含有钙、磷、镁、锰、铁、铜、锌、碘等常量元素和微量元素。尤其是镁含量高，每100克黄酒含20～30毫克，比鳝鱼、鲫鱼含量还高。

（2）红酒的营养价值

红酒是以葡萄为原料的葡萄酒。它含有人体维持生命活动所需的三大营养素：维生素、糖分及蛋白质。在酒类饮料中，它所含的矿物质较高，其中丰富的铁元素和维生素 B_{12} 能治贫血。由于红酒的酸碱度（pH）为2～5，跟胃液的酸碱度相同，可以促进消化、增加食欲、降低血脂、软化血管，对治疗和预防多种疾病都有作用。

（3）啤酒的营养价值

啤酒有“液体面包”的美称。啤酒具有5个方面的功效：

①减肥。因为啤酒含有非常少的钠、蛋白质和钙，不含脂肪和胆固醇，对抑制体重的过快增长非常有效。

②解渴。啤酒具有很高的水含量（90%以上），喝起来清爽润喉。

③提神。啤酒中的有机酸具有清新、提神的作用。

④助消化。啤酒主要原料是大麦、醇类、酒花成分和多酚物质，能增进胃液分泌，促进胃功能兴奋，提高其消化吸收能力。

⑤利尿。啤酒中低含量的钠、酒精、核酸能增加大脑血液的供给，扩张冠状动脉，并通过提供的血液对肾脏的刺激而加快人体的新陈代谢。

2）酒品的开胃功能

人在餐前喝酒能够刺激胃口、增加食欲。开胃酒主要以葡萄酒或蒸馏酒为原料加入植物的根、茎、叶、药材、香料等配制而成。传统的开胃酒品种大多是味美思（Vermouth）、比特酒、茴香酒，这些酒大多加过香料或一些植物性原料，用于增加酒的风味。现代的开胃酒大多是调配酒，用葡萄酒或烈性酒作为酒基，加入植物性原料的浸泡物或在蒸馏时加入这些原料。

3）酒品对食物的消化功能

酒中的酒精、维生素 B_2、酸类物质等，具有明显的开胃功能，它能刺激和促进人体腺液的分泌，增加口腔中的唾液、胃囊中的胃液以及鼻腔的湿润程度，增进食欲，帮助消化。

4）酒品具有杀菌消毒的功能

传统宴席的共餐制极易导致交叉污染。适量饮酒，可杀灭因交叉污染而携带的细菌。因酒中含有一定的乙醇，且乙醇具有很强的杀菌作用，如果医疗中没有消毒杀菌的专用酒精时，可用含酒精量达 50% 以上的白酒应急。

任务2 正确选择酒水增强宴会气氛

【知识库】

1)酒是宴席的兴奋剂

有人说："宴席离开了酒，将成为一潭死水。"这话虽然有些夸张，但也说明了酒在宴席中调节气氛的作用。正确选择宴席酒水不仅可以增强宴席饮食的科学性，还能增强宴会气氛。酒中含有酒精，即乙醇。乙醇有扩张血管、刺激神经的作用，乙醇能使大脑抑制功能减弱而显示出较长时间的兴奋现象。但是，饮酒切忌过量。因为酒精进入人体，1/4由胃黏膜吸收，其余经小肠进入血液，分布全身。

2)酒是宴席的指挥棒

"酒杯一执，宴席开始；门前一清，可以收兵。"宴席何时开始，何时结束，全由酒来决定，酒指挥着宴席的进程。

3)酒是宴席的社交媒介物

社交是宴席的一个主要特征，但凡举办宴席，必有一定的社交目的。为了达到这个目的，人们往往要采取某种手段来增进相互了解，加深彼此友谊。酒在有史以来的社会交往中，一直占有重要地位。凡是重大的奠拜、喜事和社会上的其他交往，迎宾待客，洽谈生意，都离不开酒。以酒待客是礼仪之道，没有酒，就不足以显示主人的热诚和宴席的礼节。从酒规席礼看，"无酒不成席""酒逢知己千杯少""寒夜客来茶当酒""薄酒三杯表敬意"，已为社会所认同。如何斟酒、如何敬酒、如何祝酒，也都是约定俗成的。酒水服务是餐厅人员必备的基本功，国宴上的酒礼更显示一个国家的文明程度。

【课堂练习】

1. 黄酒的特点是什么？
2. 葡萄酒有哪些特点？
3. 啤酒的有哪些特点？
4. 中国宴席较早用文字记载宴饮礼仪规定的是（　　）。

A.《周礼》　B.《诗经》　C.《仪礼》　D.《礼记·内则》

5. 中国有句俗语叫“________”，人们称办宴为“办酒”，请客为“请酒”，赴宴为“吃酒”。

【课堂效果评价】

日 期	年 月 日	信息反馈			备 注
理论知识掌握情况		☺	😐	☹	
专业概念掌握情况		☺	😐	☹	
自主学习情况					
个人学习总体评价		（ ）	（ ）	（ ）	
小组总体评价		（ ）	（ ）	（ ）	
知识困惑的内容					
希望老师补充的知识					
教师回复					

【知识拓展】

黄酒的分类

1. 冬酒：一入冬令季节，即酿造酒酿糟，装入酒坛密封，勿泄酒气，至翌年四月，酒酿糟仍不会变质。需制冬酒时，每斤（1 斤=0.5 千克）酒酿糟注入醴泉水约半斤，浸一两天，把酒液压榨出来，装入酒坛密封。然后把酒坛放在谷壳或木屑（俗称“锯屑”）堆中，点燃煨沸，随即排去部分酒坛周围的热灰，使坛中之酒在微热中逐渐降温。此酒色泽橙黄，呷入口中，略有黏稠感，芳香醇和，甘甜隽永，久贮不变质，有滋补健身之效。

2. 冬浸酒：与冬酒一样，一入冬令季节，即酿造酒酿糟。到冬至那天，把酒酿糟舀入小口径的大水缸中，每斤酒酿糟加入经煮沸而后冷却的醴泉水 1 ~ 2 斤，然后盖紧缸口，勿令泄气。浸至春节时，启开缸盖，但见酒糟下沉，即可饮用。此酒色泽淡青，酒气浓郁，芳香可口，含乙醇 35% 左右，多用于春节时招待宾客。这是嗜酒者最喜欢喝的酒，多饮则易醉，且醉而难醒。冬浸酒可说是客家黄酒的代表。

3. 四双酒：一年四季均可酿造。每百斤酒酿糟加醴泉水一倍半至两倍半浸之，暑天浸 3 ~ 4 天，冬季则多浸几天。然后把酒酿糟投入酒篓压出酒液，装入酒坛密封焗沸。此酒香甜适口，含乙醇 25% 左右。

4. 单酒："单"是"薄"的意思。以四双酒的酒糟复加醴泉水少许，浸2～3天，投入酒篓压出酒液焗沸。此酒乙醇含量低，且价格低廉。在盛夏时被普遍饮用的，大多是这种酒。此即所谓水酒。

项目2

酒水与宴席、菜品的搭配

【项目导学】

- 任务1　酒水与宴席的搭配原则
- 任务2　酒水与菜品的搭配原则
- 任务3　葡萄酒的坏搭档

【项目要求】

掌握酒水档次与宴席档次的搭配，掌握宴席中高度酒的使用，掌握酒水与菜品的搭配原则，包括佐餐酒的搭配及实际应用，特别是中式菜肴的搭配原则及在搭配中出现的不适合搭配的相关原则。培养学生的实际应用能力和水平，使学生能对宴席的基本信息有所了解，掌握核心内容，并学会灵活运用。激发学生的创造思维、拓展学生视野。

【情景导入】

一家大公司的经理牛先生正在某酒店宴请客户、朋友。一桌人落座后，酒菜点过，服务员小孔开始为客人斟上温过的花雕酒，她先为第一位客人牛经理酒杯中放上一颗话梅，正要倒酒，不料牛经理用手挡住酒杯说："小姐，您的操作方法不对，喝话梅泡的黄酒，应该先倒酒后放话梅。"小孔一愣，心想："先放话梅再倒酒，这是餐馆的一贯做法，从未有人提出异议，现在既然这位先生提出异议，先倒酒后放话梅也未尝不可，就依客人的要求办吧。"于是她说一声："对不起，先生。"便用夹子取出话梅，倒上酒，再把话梅放进去；并照同样的方法给其他客人服务。牛经理这才表示满意。这种搭配方法合适吗？

任务1　酒水与宴席的搭配原则

【知识库】

1）酒水档次与宴席档次的搭配

酒水的档次应与宴席的档次相称。若为高档宴席选用低档酒品，会破坏整个宴席的名贵气氛，让人对菜肴的档次产生怀疑。若在低档宴席上用高档宴酒，则酒的价格在整桌菜肴上，会抢去菜肴的风采，让人感到食之无味。

2）酒水搭配与宴席席面特色一致

若无特殊规定，正式的中餐婚宴通常要上白酒与葡萄酒这两种酒。出于饮食习惯方面的原因，中餐宴请中上桌的葡萄酒多半是红葡萄酒，而且一般都是甜红葡萄酒。先用红葡萄酒，是因为红色充满喜气，而选用甜红葡萄酒，则是因为不少人对口感不甜、微酸的干红葡萄酒不太认同。通常在每位用餐者餐桌桌面的正前方，排列着大小不等的三只杯子，自左而右，它们依次分别是白酒杯、葡萄酒杯、水杯。具体来讲，在搭配菜肴方面，中餐所选的酒水讲究不多。爱喝什么酒就可以喝什么酒，想什么时候喝酒亦可完全自便。正规的中餐宴席一般不上啤酒。

3）宴席中高度酒的使用

（1）高度酒的特点

高度酒是用我国传统酿制方法生产的。白酒俗称烧酒，是一种高浓度的酒精饮料，一般为50～65度。

（2）中国白酒的特色

中国白酒的颜色清晰透明，无色晶莹，香气宜人，每种酒都有其独特之处，酒质纯净、余香不尽、醇厚柔绵、甘润清洌，让人回味悠长，给人极大的欢愉和幸福之感。

白酒以前叫烧酒和高粱酒，自从新中国成立后统称为白酒和老白干酒。白酒是无色的意思，老白干酒就是不掺水的意思。白酒是用高粱作为原材料的，而二锅头白酒是我国北方固态法白酒的一种古老的名称，现在也叫作二锅头白酒，真正的二锅头白酒是制酒工艺中在使用冷却器之前，用古老的固体蒸馏方法，即以锅为冷却器，二次换水后而蒸出的酒。

（3）高度酒如何在宴席中使用

对于宴席用高度酒，消费者多倾向于选择品牌知名、包装喜庆、名字吉祥、口感上乘的白酒。而为了在宴席市场上占有一席之地，一些白酒品牌还推出了专门的宴席用酒，不仅将包装盒、瓶身做成喜庆且高贵的金色，有的还提供定制服务。据了解，五粮液、泸州老窖、汾酒等知名的高度白酒品牌，旗下都有宴席产品，如花好月圆系列、喜字系列等，且价位也分高、中、低档。有些宴席用酒瓶身上还印有卡通版的喜庆人物或者图案，让人感觉很有新意。

高度酒占有巨大的宴席市场，影响面广，选择宴席用高度酒要多对比，如在婚宴、寿宴、谢师宴等众多宴席中高度酒的饮用是重头戏，现在市场上可供消费者选择的高度酒品牌众多，白酒所占比例最大，消费者在购买时要选择与宴席主题相符的产品。左右消费者选择品牌的因素中，口碑的推荐作用对消费者选择高度酒品牌的影响相当大，排位居广告、促销之前。尤其是在婚庆场合，人流量大，酒楼的档次、菜色的质量、酒水的品牌、喜糖的选择都是大家所关心的话题——通过市场建立的口碑，可信度大；同时，各种品牌的高度酒如何进入宴席市场，将是经销商营销工作的重点。

任务2　酒水与菜品的搭配原则

【知识库】

1）中餐中酒菜的搭配

正式的中餐宴席通常要上白酒与葡萄酒这两种酒。出于饮食习惯方面的原因，中餐宴请中上桌的葡萄酒多半是红葡萄酒，而且传统上一般都是甜红葡萄酒。先用红葡萄酒，是因为红色充满喜气，而选用甜红葡萄酒，则是因为不少人对口感不甜、微酸的干红葡萄酒不太认同。通常在用餐者面前餐桌桌面的正前方，排列着大小不等的三只杯子，自左而右，它们依次分别是白酒杯、葡萄酒杯、水杯。具体来讲，在搭配菜肴方面，中餐所选的酒水讲究不多。爱喝什么酒就可以喝什么酒，想什么时候喝酒亦可完全自便。正规的中餐宴席一般不上啤酒。在便餐、大排档中，它的身影才更为多见。

2）葡萄酒配中餐

葡萄酒在中国的普及度比较高，但主要是作为白酒的健康替代品和礼品被大众接受，绝大多数中国人都不会从味觉上去欣赏葡萄酒。

（1）咸味与酸度的搭配

为什么口感刺激的干型雪利葡萄酒能够与开胃的腌鱼、咸竹笋相得益彰。咸咸的开胃小菜和高酸度的开胃酒之间的默契，来自盐和葡萄酒中的酸度。盐不仅能使食物的风味流光溢彩，它也能中和葡萄的酸，并释放出葡萄酒中的水果风味。所以在川菜、湘菜、鲁菜中一些重盐重口味的菜（尤其是开胃冷菜），适合搭配高酸度的葡萄酒。

（2）辣菜绝配清爽型半干葡萄酒

在味道法则里，甜味可以中和辣味，使辣的火爆转为轻快。搭配川菜、湘菜中重油重辣的菜肴，清爽型白葡萄酒既能清口又能解辣，还能为传统辣菜增添柔和复杂的新感觉。

（3）烟熏菜肴

烟熏味和橡木桶味是兄弟俩，吃熏鱼熏肉时配上浓重的橡木桶型葡萄酒最适宜。烟熏菜肴不宜搭配单宁酸含量过高的酒。

（4）甜味的菜肴

甜味菜肴与过酸的葡萄酒是天敌。甘甜且浓郁的菜肴如毛氏红烧肉，适合甘甜且浓郁的葡萄酒，如波特酒；甘甜且清淡的菜肴，适合清爽的半干雪利酒。

(5)鱼与红酒的搭配

鱼肉和单宁搭配会产生金属般的腥味。不过，红酒又能较好地体现鱼肉的细腻。面对两难，选用清爽型红葡萄酒搭配更有质感的鱼（块状而非薄片），如糍粑鱼、松鼠鳜鱼，是一种挑战较高享受的搭配。

(6)红肉的搭配

对于粗犷、风味浓重的手撕羊排、酱肘子这类食物，单宁有了绝佳的机会。这类菜肴中的蛋白质能够快速软化单宁，并释放出红葡萄酒中的水果风味，使食物的质感和美酒的甘甜达到绝佳效果。

(7)素菜的搭配

素菜宴的配酒最难选择，吃的是白菜豆腐的原味和意境，太多修饰往往弄巧成拙。搭配老豆腐、菱角、冬笋这类素食，最好选一款香气简单、口感清淡、清口力强的干型气泡酒，以保持口腔的淡雅和清新。

(8)甜点的搭配

中式甜点偏油腻，需要清爽的、能够清口的葡萄酒来搭配。酒的甜度最好与点心相仿。甜型气泡酒、冰酒较为适合。

3)四大菜系与葡萄酒

(1)淮扬菜

①蟹粉蹄筋。

口味：咸鲜香、口感滑爽。

中餐中的蟹黄、鸡蛋很难搭配葡萄酒，不论酒杯中是白还是红，淡淡的腥味总是挥之不去。可搭配菲诺（Fino）风格雪利酒，同时还适合本帮菜的红焖猪肉、闽菜中的闷腩肉豆腐、客家菜中的梅菜扣肉等甜咸并重的油腻菜肴。

②龙井虾仁。

特点：虾仁玉白，鲜嫩；芽叶碧绿，清香。

最佳搭配：干白葡萄酒，酒精度13%。

(2)川菜

①川辣宫保虾球。

特点：金红色，辣香味美，滑嫩爽口。

遇到川菜里辣的干炒、干煸菜肴，选酒要牢记两点：干，要用气泡滋润味蕾；辣，要用甜味来中和。半干气泡葡萄酒，完全适合川辣宫保虾球菜品，也适合其他甜辣味的川菜。

②干煸牛肉丝。

特色：外焦里嫩、面筋丝呈牛肉丝的酱红色，芹菜嫩绿鲜香，六味俱全，下饭佐酒皆宜。

用西拉葡萄品种酿造的葡萄酒适合搭配粗纤维肉食菜品，气泡类葡萄酒适合干烹类菜肴，甜型葡萄酒适合辣味川菜。

(3)鲁菜

①葱烧海参。

特色：海参清鲜，柔软香滑，葱段香浓，食后无余汁。

最佳搭配：特酿红葡萄酒。

对于海参，白葡萄酒只能起到爽口的作用，无法提味。吃海参，圆润、柔和的红葡萄酒比白葡萄酒更适宜。

②糟熘鱼片儿。

特色：肉质滑嫩，鲜中带甜，糟香四溢。

充满水果香气的干白葡萄酒，与糟熘鱼片儿的甜味相得益彰。它复杂的口感大大增加了鱼片味道的丰富性。

(4)粤菜

①金牌瑶柱干捞翅。

特色：鱼翅香浓软滑，鲜甜可口。

鱼翅需要搭配丰腴圆润、有一定酸度的白葡萄酒，其中的酸度能像香醋一样为鱼翅提味。使用有年份类型的白葡萄酒能使鱼翅更鲜美、更有质感。

②世纪五号牛排。

口感：色金黄带红，味脆嫩不腻口，四季皆宜。

这是一道改良粤菜，使用了西式烹饪的方法，肉质甜美。适合有一定单宁、口感偏甜的红酒。选用有奶油香气、酒体轻灵、酸度在牛肉可承受范围之内的葡萄酒，很适合这道菜。

4）葡萄酒与菜品搭配的基本原则

因为食物和葡萄酒里面有些元素是相辅或相克的，选择时要掌握一些基本原则：

①酸的食物配高酸的酒。

②甜的食物配甜酒。

③耐嚼的食物配高单宁的酒。

④咸的食物配甜或高酸的酒。

⑤脂肪和油腻食物配高酸的酒。

5）饮用温度

一般来说，所有白葡萄酒、起泡酒、啤酒、鸡尾酒、绝大多数混合饮料、某些作为开胃酒饮用时的烈酒等，应该降温饮用。

①白葡萄酒：甜白葡萄酒的饮用温度应低于干白葡萄酒，但任何白葡萄酒的饮用温度均不宜低于 4 ℃。

②气泡酒：饮用温度则可更低些，以尽量保持酒液内气体。香槟酒从酒窖取出后需在冷藏箱中冷藏 2 ~ 3 小时，或在冰水混合物中置放 20 分钟，以使达到适宜的饮用温度。

③红葡萄酒：最好能在 18 ~ 20 ℃的室温环境下饮用，而某些较甜的红葡萄酒则可稍作降温后饮用。由于窖藏温度通常在 13 ~ 16 ℃。饮用前则应在室温下放置数小时，使酒温升高。

6）酒菜搭配

葡萄酒与菜肴搭配的总的原则是红配红，白配白，即红葡萄酒通常配以红肉和烤禽类，如牛羊肉、烤鸡鸭、野兔、鹅肝等，以及调味浓重的菜肴。白葡萄酒则与鸡肉、鸭肉等白肉类和水产品，以及调味清淡的菜肴搭配。气泡酒可以与任何食物搭配饮用。

任务3　葡萄酒的坏搭档

【知识库】

1）蔬菜

很难和葡萄酒搭配的蔬菜如下。

①朝鲜蓟：其苦味与涩味是世界上最难和葡萄酒搭配的蔬菜。

②茴香：其特有的香味会掩盖葡萄的香气。

③芦笋：芦笋味甘、性寒，有清热解毒、生津利尿等作用。

④菠菜：含有大量的草酸，有苦涩味道。

⑤西红柿：强烈的番茄味会抑制葡萄酒的香气。

⑥绿色蔬菜：其中的草酸和本身特有的气味会掩盖葡萄酒的香气。

处理这种蔬菜的一个方法是使用如炒或烘烤的烹饪方法来软化蔬菜中造成搭配问题的自然化学成分。如果用利口酒或烈酒配着蔬菜沙拉饮用会更糟糕，因为葡萄酒的味道将无法避免地把沙拉的味道遮盖住。

2）水果

难以和葡萄酒搭配的水果如下。

①橙子：有强烈的酸苦味。

②柚子：苦的味道较强烈。

③青苹果：拥有特有的酸、涩味道。

④猕猴桃：有强烈的酸甜味。

随着法餐逐渐进入中国，“红酒泡水果”这种经典吃法也得到了改良。国内餐馆推出的“红酒浸雪梨”“红酒炖木瓜”等菜品，选材多为中国人认为有滋补作用的水果。并且，由于中国人不习惯吃生冷的食物，一般也会采取炖、煮等烹调方法，这样食物的味道会更加浓郁。

3）辛辣食物

辛辣食物和葡萄酒不容易搭配，它们往往会掩盖葡萄酒的味道，无论酒的气味是多么柔软、持久或强烈。因此，搭配辛辣菜品时可采用咖喱鸡配琼瑶浆，辣金枪鱼卷配雷司令，或辛辣的羊肉香肠配在橡木桶中熟化的梅洛。

4）太热或太冷的食物

太热或太冷的食物都会降低味蕾的感知能力，极端的温度考验味蕾的敏感度，会让一款中度或酸度的葡萄酒尝起来口味太硬。

【课堂练习】

1. 宴席中酒水的档次应与宴席的档次相称。（　　）
2. 舞台布置的重中之重是确定宴席的格局。（　　）
3. 高度酒又称烈性酒。（　　）
4. 在味道法则里，甜味可以中和辣味，使辣的火爆转为轻快。（　　）
5. 葡萄酒与中餐搭配的基本原则？

【课堂效果评价】

日　期	年　月　日	信息反馈			备　注
理论知识掌握情况		☺	😐	☹	
专业概念掌握情况		☺	😐	☹	
自主学习情况					
个人学习总体评价		（　）	（　）	（　）	
小组总体评价		（　）	（　）	（　）	
困惑的内容					
希望老师补充的知识					
教师回复					

【知识拓展】

葡萄酒配菜禁忌

1. 忌红葡萄酒与海鲜为伍

红葡萄酒配红肉符合烹调学自身的规则，其中的单宁与红肉中的蛋白质相结合，使消化几乎立即开始。新鲜的大马哈鱼、金枪鱼由于富含天然油脂，能够与体量轻盈的红葡萄酒搭配良好，但红葡萄酒与某些海鲜相搭配时（如牙鳎鱼片），高含量的单宁会严重破坏

海鲜的口味，葡萄酒自身甚至也会带上令人讨厌的金属味。

白葡萄酒配白肉类菜肴或海鲜也是通用的好建议。一些白葡萄酒的口味也许会被牛肉或羊肉所掩盖，但它们与板鱼、虾、龙虾或烤鸡胸脯佐餐时会将美味推到极高的境界。

2. 忌与醋相伴

各种沙拉通常不会对葡萄酒的风味产生影响，但如果其中拌了醋，则会钝化口腔的感受，使葡萄酒失去活力，口味变得呆滞平淡。柠檬水是好的选择，这是因为其中的柠檬酸与葡萄酒的品味能够协和一致。

3. 葡萄酒忌讳和日本蘸吃生鱼片的芥辣、中国的腐乳搭配

这会使任何葡萄酒都味寡如水。东西方食物的不同在于，我们的食物材料比西方多，仅一个甜味，在西方甜味多不过限于如糖似蜜的味道，但在东方，甜味是多元的，如海鲜的鲜甜、蔬菜的甜、瑶柱的甜、干虾和海参的甜，各不相同。另外中国人的口味跟西方人有着很大的区别，偏好甘甜而不喜生涩，通常国人能接受的口味基本上是不太酸的白葡萄酒，而红葡萄酒倾向于成熟单宁的新世界酒或者真正老年份的成熟的旧世界酒。

奶酪和葡萄酒是天生的理想组合，只需注意不要将辛辣的奶酪与体量轻盈的葡萄酒相搭配，反之亦然。

颜色发紫、单宁生涩的红葡萄酒，忌讳配带甜味的菜（单宁和甜味一结合就发苦）和辣菜，如四川菜和咖喱菜，会越喝越辣。这类酒也不适合配鲜嫩海鲜，比如说清蒸鱼，酒中的单宁会使鲜嫩的鱼肉变得粗糙不堪，也会使八爪鱼和鱿鱼的味道变得很腥。一般来讲，欧洲和中国红葡萄酒年份短的时候单宁比较生，显得粗糙苦涩。

项 目 3

酒水与酒水的搭配

【项目导学】

✧任务　酒水与酒水搭配的一般方法

【项目要求】

了解与掌握酒水与酒水搭配的一般方法，包括标准规范宴席搭配方法，特别是中国民间传统搭配方法，能增加中式宴席酒水文化的内涵。

【情景导入】

在餐厅中售酒获利丰厚，因此服务人员必须懂得如何正确地为顾客提供酒的服务，而且还应了解酒水之间的搭配以及餐桌上酒杯的摆放与使用。你能说出宴席中酒水与酒水的搭配方法吗?

任务　酒水与酒水搭配的一般方法

【知识库】

1)标准规范宴席酒水的搭配方法

(1)低度酒在先，高度酒在后

酒的度数一般指的是酒精含量。一般分为3类：高度酒、中度酒和低度酒。

①高度酒是我国传统生产方法所生产的白酒，酒度在41度以上，多在50度以上，一般不超过65度。

②中度酒采用了混合调配，一般酒度在20～40度。

③低度酒：主要采用发酵的工艺，酒度一般在15度以下，如黄酒、葡萄酒、啤酒。

(2)软性酒在先，硬性酒在后

软性酒就是酒精含量很低的酒，硬性酒就是酒精含量较高，通常是指蒸馏酒。

(3)气泡酒在先，无汽酒在后

气泡酒就是人工或自然生成的气体保留在酒瓶内的酒，无汽酒就是瓶内大气压低于一个大气压的酒，通常指葡萄酒。

(4)淡雅风格的酒在先，浓郁风格的酒在后

淡雅风格的酒主要是口感上、香型上以及酒精度较低的酒水，浓郁风格的酒主要是酒的醇厚度、香气浓郁以及酒精含量较高的酒水。

(5)普通酒在先，名贵酒在后

普通酒通常是指平时饮用较多、价格较低的酒品，名贵酒是指市场销量较小、价格较昂贵、品质较好的酒水。

(6)甘洌酒在先，甘甜酒在后

甘洌酒通常是指口味不甜、较为纯净的酒品，甘甜酒是指口感较浓郁、味道略甜的酒品。

(7)新酒在先，陈酒在后

新酒主要指口感较轻、酒龄较短的酒品，陈酒是指口味较浓郁醇厚、酒龄较长的酒品。

(8)白葡萄酒在先，红葡萄酒在后（甜型白葡萄酒例外）

(9)最好选用同一地区或同一品牌的酒作为酒会的主要用酒

2)中国民间传统搭配方法

(1)橘子水冲啤酒

啤酒杯内加入一半啤酒，然后冲兑橘子汁至八分满。

(2)葡萄酒掺果汁

葡萄酒可以兑葡萄汁、橙汁、菠萝汁、苹果汁、桃汁、梨汁等各类果汁。

(3)黄酒掺白酒

为了增加口感都会在加热的黄酒中兑入适量白酒，既有白酒蒸发的酒精香气，又丰富了饮用口感。

3)外国特殊搭配方法

(1)东欧、日本人喜欢烈酒兑水

东欧及日本人不能适应高度蒸馏酒的强烈刺激和口感，在饮酒时通常兑入酒精5~6倍的矿泉水。

(2)欧美人喜欢烈性酒加冰块、冰霜、冰水稀释

欧美人喜欢冰冻的饮品，通常在烈酒中加入冰块、冰水及冰霜增强口感，降低酒精强度。

(3)爱尔兰人用烈性酒兑咖啡

爱尔兰非常有名的鸡尾酒就是爱尔兰咖啡，是以爱尔兰威士忌为基酒，以咖啡为辅料调制而成的。

(4)英国人用金酒兑汤力

英国以金酒为国酒，并兑入带有苦味的汤力水，深受当地人欢迎。

【课堂练习】

1. 中度酒采用了混合调配，一般酒度在20~40度。 (　　)

2. 英国以金酒为国酒。 （　　）

3. 标准规范宴席酒水的搭配方法？

【课堂效果评价】

日　期	年　月　日	信息反馈			备　注
理论知识掌握情况		☺	😐	☹	
专业概念掌握情况		☺	😐	☹	
自主学习情况					
个人学习总体评价		（　　）	（　　）	（　　）	
小组总体评价		（　　）	（　　）	（　　）	
困惑的内容					
希望老师补充的知识					
教师回复					

【知识拓展】

勾兑酒

勾兑酒是用不同口味、不同生产时间、不同度数的纯粮食酒，经一定工序混合在一起，以达到特定的香型、度数、口味、特点的酒。GB/T 15109—2008《白酒工业术语》对白酒生产中的“勾兑”一词做了定义，“勾兑”就是把具有不同香气和口味的同类型的酒，按不同比例掺兑调配，起到补充、衬托、制约和缓冲的作用，使之符合同一标准，保持成品酒一定风格的专门技术。同时，GB/T 17204—2008《饮料酒分类》在对各种白酒进行定义时也指出，勾兑是白酒生产中一项重要的生产工艺。

“勾兑”是酒类生产中专用的技术术语，是生产中的一个工艺过程，指将各种不同类型、不同酒度、不同优缺点的酒兑制成统一出厂风格特点和质量指标一致的工艺技术方法。

勾兑酒是一种靠勾兑师的感官灵敏度和技巧来完成的，经验丰富的勾兑师才能调出一流的产品，历来有“七分酒三分勾”之说，勾兑师的水平代表着企业的产品质量

风格。通常说的“勾兑酒”，多指白酒中完全或大比例使用食用酒精和香味食品添加剂（酒用）调制而成的新工艺白酒。这种勾兑酒要看是不是勾兑师调制的，香味物质选用好的话，可调制出中档产品，若是非专业勾兑者调制，其产品质量会不好，甚至用廉价原材料调制出伪劣产品。“勾兑酒”与传统的完全发酵酒比缺少发酵过程的生物代谢产物，一般不如用好的原浆发酵的优质酒。但缺少技术、设备落后的一般发酵酒口感差，卫生指标成分也没有好的“勾兑酒”好，饮后会出现视力下降、头痛（上头）等不适反应。“勾兑酒”也有优劣之分，一般在正规的流通环节出售的酒手续齐全，质量相对有保证。至于到底哪种好，在具备基本质量和卫生指标合格的前提下，在众多的酒品中选取适合自己的口味为好，关键是看酒的内在质量。

“勾兑”对葡萄酒的酿造而言也同样重要，在葡萄酒生产中，勾兑过程通常被称为“调配”。在许多优质葡萄酒的酿造过程中，酿酒师根据所要酿造葡萄酒的风格需要对两个或更多不同葡萄品种的原酒进行一定比例的调配，从而使不同品种葡萄酒的品质能够相互补充和协调。当然，用于调配的这些原酒只能是按照国标用100%葡萄酿造出来的葡萄酒或葡萄蒸馏酒，而不能是其他非葡萄发酵而成的酒。

项 目 4

酒水的分类

【项目导学】

- ✧任务 1　发酵酒
- ✧任务 2　蒸馏酒
- ✧任务 3　软饮类

【项目要求】

了解酒的特点、分类、酿造工艺、品牌，为进一步学习酒水服务打下基础。

【情景导入】

北京的李先生在报纸上看到这样一则消息“在××国际知名连锁酒店将举行大型晚会。届时 CCTV、中石油、中国移动、英特尔等大单位领导和许多‘海归’的精英都将出席”。本次活动举办得如此隆重，旨在邀请有志之士把握机会，大鹏展翅，广交朋友，共享欢乐。李先生怀着好奇的心情报名了，但对于酒会的诸多细节内容却一知半解。在闲暇之际，他查阅了相关资料，懂得了不少这方面的知识，踌躇满志为此次赴会做好了提前准备。

任务1　发酵酒

【知识库】

1）认知葡萄酒

（1）葡萄酒的定义

葡萄酒是以100%葡萄为原料，经过自然发酵而酿制的酒。

（2）葡萄酒的分类

①根据酿造方式的不同分：

a. 静态葡萄酒。20 ℃时，二氧化碳压力小于0.5巴的葡萄酒为静态葡萄酒（不起泡的葡萄酒），包括红葡萄酒和白葡萄酒及桃红葡萄酒。

b. 气泡葡萄酒。在20 ℃时，二氧化碳压力等于或大于0.5巴的葡萄酒为起泡葡萄酒，是采用二次发酵工艺酿制的葡萄酒，我们通常所讲的香槟酒就属于此类。

②按葡萄酒颜色分：

a. 红葡萄酒。凡宝石红、深红、紫红、石榴红、棕红色的葡萄酒，都属红葡萄酒。葡萄采摘后连同葡萄皮一起压榨酿造，酒红色来自葡萄皮的颜色；通常是用红葡萄和紫葡萄酿造的。红葡萄酒用皮红肉白或皮肉皆红的葡萄带皮发酵而成，酒液中含有果皮或果肉中的有色物质，使之成为以红色为主的葡萄酒。

b. 白葡萄酒。凡近似无色、浅黄、禾秆黄、淡黄、金黄色的葡萄酒，都属白葡萄酒。酿造时只用葡萄汁，而不要葡萄皮，通常由白葡萄或绿葡萄酿造。白葡萄酒用白皮白肉或红皮白肉的葡萄经去皮发酵而成，在发酵过程中不存在葡萄汁对葡萄固体部分的浸渍现象。这类酒的颜色以黄色调为主。

c. 桃红葡萄酒。凡颜色为桃红色或浅玫瑰色的葡萄酒属于桃红葡萄酒。用带色葡萄经部分浸出有色物质发酵而成，可以在白葡萄酒中掺入红葡萄酒而得，又称分汁发酵法。或是以缩短红葡萄酒浸皮的时间来酿制，又称皮汁混合发酵，一般发酵24～26小时。它的颜色、口味介于红葡萄酒和白葡萄酒之间。

③按葡萄酒含糖量分：

a. 干型葡萄酒（Dry Wine）。其含酸量较高，含糖量较低，一般在0.5%以下，口感酸而不甜。

b. 半干型葡萄酒（Semi-dry Wine）。其含糖量为0.5%～1.2%，口感有微弱的甜味。

c. 半甜型葡萄酒（Semi-sweet Wine）。其口感较甜，含糖量为1.2%～5%。

d. 甜型葡萄酒（Sweet Wine）。它是一种含糖量较高的葡萄酒，其含糖量在5%以上，口感甜腻。

(3)葡萄酒的储藏

①储藏温度为7～18 ℃，最佳温度为10 ℃，且尽量保持恒温。

②酒窖或酒库不宜使用强烈灯光，以免影响葡萄酒的质量。

③酒窖湿度相对保持在75%左右。

④应尽量避免震动，不断震动会使酒变浑浊。

⑤必须和有异味的物品分开贮存，以免串味。

⑥葡萄酒必须躺着平放或瓶口朝下储藏，以免瓶塞干裂。

(4)葡萄酒服务

①葡萄酒酒杯的选择：

a. 无色晶莹透明，杯身无气泡。

b. 有腹的往上逐渐变细的高脚杯。

c. 红葡萄酒杯杯肚较大，这可以使红葡萄酒的温度、葡萄酒的芳香味更好地释放。

d. 白葡萄酒杯开口较小，以保持葡萄酒的香味。

②葡萄酒饮用和服务的温度：

a. 白葡萄酒为6～12 ℃。

b. 红葡萄酒为16～20 ℃。

c. 气泡酒/香槟酒为8～10 ℃。

d. 干型、半干型白葡萄酒为8～10 ℃。

e. 桃红葡萄酒和清淡型红葡萄酒为10～14 ℃。

f. 单宁酸含量低的红葡萄酒为15～16 ℃。

g. 单宁酸含量高的红葡萄酒为16～18 ℃。

③葡萄酒开瓶及斟酒的服务：

a. 葡萄酒的开瓶。

步骤一：要用酒刀（或者专用的铝箔刀）沿着瓶口突起的上缘或下缘，把瓶口的酒帽割开，整齐地取下一个完整的酒帽。

步骤二：取掉酒帽后，用干净且不带香味的软布或者餐巾把瓶口擦拭一下，拭掉脏物。

步骤三：把螺旋钻的顶尖对准软木塞正中用力插入，然后顺时针旋转，直到足够深为止（建议留一个螺旋空圈），然后用开瓶器把软木塞拔出。

步骤四：软木塞拔出之后，服务人员应闻一下木塞是否有异味，以确定葡萄酒是否变质，最后检查一下瓶口有没有掉下来的软木屑，再用布擦拭一下瓶口即可斟倒酒水。

b. 斟酒服务。

斟酒服务前应先让客人查看瓶塞、试酒后，再为其他客人按标准斟倒。

• 白葡萄酒斟倒方法：

用餐巾（可折成三角形或窄长方形）包瓶斟倒。

酒液斟倒 2/3 杯。

• 红葡萄酒斟倒方法：

普通葡萄酒可以徒手斟，可在瓶颈上包上折叠好的餐巾纸防止滴洒。

窖藏或高级西餐厅葡萄酒一般用酒篮斟倒。

酒液斟倒 1/2 杯。

④气泡酒的开瓶及斟酒服务：

a. 气泡酒的开瓶。

• 剥除铅封。先要找到拉手，再将铅封剥除。若是利用侍者刀来拆也可以。

• 卸下铁丝套。用手压住软木塞，另一只手将缠绕成圈的铁丝套反转 6 次之后卸下。

• 将餐巾盖在瓶口。为了避免软木塞因气压而弹飞出去，一边用手将其压住，一边盖上一层餐巾。用另一只手撑住瓶底，慢慢地转动软木塞。酒瓶可以稍为拿低一点，这样会比较稳。

• 去软木塞。若感觉到软木塞已经快要推挤至瓶口，只要稍微斜推一下软木塞头，腾出一个缝隙，使酒瓶中的碳酸气一点一点释放到瓶外，不发出任何声响，并且静静地将软木塞拔起。如是香槟在开瓶的时候，砰！让人听了心情舒畅的声响也可以算是香槟的魅力！在庆祝活动或派对场合奢侈地演出软木塞弹出酒瓶的助兴节目固然不错，但这在私人场合却是禁忌。为了防止爆弹出去的软木塞击中人、物或瓶中的香槟也会随之喷洒而出，这样不但危险，而且浪费酒液，因此尽可能静静地开瓶才是真正的礼节。

b. 斟酒服务。

• 将拇指顶住瓶底，其他四指托住瓶身，左手持拿餐巾可辅助斟倒并擦拭瓶口。

• 斟至 8 分满，可分两次斟倒。

• 使用郁金香型香槟杯。

2）认知清酒

（1）清酒的定义

该酒色泽呈淡黄色或无色，清亮透明，芳香宜人，口味纯正，绵柔爽口，酒精含量在 15% 以上，含多种氨基酸、维生素。精选的大米要经过磨皮，使大米精白，浸渍时吸收水分快，而且容易蒸熟；发酵时又分成前、后发酵两个阶段；杀菌处理在装瓶前、后各进行

一次，以确保酒的保质期；勾兑酒液时注重规格和标准。

(2)清酒的分类

①按制法不同分类：

a. 纯米酿造酒。纯米酿造酒即为纯米酒，仅以米、米曲和水为原料，不外加食用酒精。

b. 普通酿造酒。普通酿造酒属低档的大众清酒，是在原酒液中兑入较多的食用酒精，即 1 吨原料米的醪液添加 100% 的酒精 120 升。

c. 增酿造酒。增酿造酒是一种浓而甜的清酒。在勾兑时添加了食用酒精、糖类、酸类、氨基酸、盐类等原料调制而成。

d. 本酿造酒。本酿造酒属中档清酒，食用酒精加入量低于普通酿造酒。

e. 吟酿造酒。制作吟酿造酒时，要求所用原料的精米率在 60% 以下。清酒很讲究糙米的精白程度，以精米率来衡量精白度，精白度越高，精米率就越低。精白后的米吸水快，容易蒸熟、糊化，有利于提高酒的质量。吟酿造酒被誉为“清酒之王”。

②按口味分类：

a. 甜口酒。甜口酒为含糖分较多、酸度较低的酒。

b. 辣口酒。辣口酒为含糖分少、酸度较高的酒。

c. 浓醇酒。浓醇酒为含浸出物及糖分多、口味浓厚的酒。

d. 淡丽酒。淡丽酒为含浸出物及糖分少而爽口的酒。

e. 高酸味酒。高酸味酒是以酸度高、酸味大为其特征的酒。

f. 原酒。原酒是制成后不加水稀释的清酒。

g. 市售酒。市售酒指原酒加水稀释后装瓶出售的酒。

③按贮存期分类：

a. 新酒。新酒是指压滤后未过夏的清酒。

b. 老酒。老酒是指贮存过一个夏季的清酒。

c. 老陈酒。老陈酒是指贮存过两个夏季的清酒。

d. 秘藏酒。秘藏酒是指酒龄为 5 年以上的清酒。

④按酒税法规定的级别分类：

a. 特级清酒。品质优良，酒精含量在 16% 以上，原浸出物浓度在 30% 以上。

b. 一级清酒。品质较优，酒精含量在 16% 以上，原浸出物浓度在 29% 以上。

c. 二级清酒。品质一般，酒精含量在 15% 以上，原浸出物浓度在 26.5% 以上。

3)认知黄酒

(1)黄酒的含义

黄酒是指用谷物酿成的酒，也称为米酒（Rice Wine），属于酿造酒，酒精度一般为

15度左右。黄酒，原意是黄颜色的酒，但黄酒的颜色并不总是黄色的，也有黑色的，红色的。

(2)黄酒的分类

根据黄酒的含糖量的高低分：

a. 干黄酒。“干”表示酒中的含糖量少，总糖含量低于或等于15.0克/升，口味醇和、鲜爽、无异味。

b. 半干黄酒。“半干”表示酒中的糖分还未全部发酵成酒精，还保留了一些糖分。总糖含量在15.0～40.0克/升，故又称为“加饭酒”。我国大多数高档黄酒，口味醇厚、柔和、鲜爽、无异味，均属此种类型。

c. 半甜黄酒。是用成品黄酒代水，加入到发酵醪中，使糖化发酵的开始之际，发酵醪中的酒精浓度就达到较高的水平，在一定程度上抑制了酵母菌的生长速度，由于酵母菌数量较少，对发酵醪中产生的糖分不能转化成酒精，故成品酒中的糖分较高。总糖含量在40.1～100克/升，口味醇厚、鲜甜爽口，酒体协调，无异味。

d. 甜黄酒。采用淋饭操作法，拌入酒药，搭窝先酿成甜酒酿，当糖化至一定程度时，加入40%～50%浓度的米白酒或糟烧酒，以抑制微生物的糖化发酵作用。总糖含量高于100克/升。口味鲜甜、醇厚，酒体协调，无异味。

(3)黄酒服务

①黄酒酒杯的选择：

a. 瓷碗或者瓷杯。

b. 锡制酒具是温酒的首选器皿。我国一些地方都有温酒的习惯。锡因传热效果好，所以锡器温酒效果最好。酒置于热水中，不出1分钟，酒水衡温，非常便捷。并且锡制品具有很高的使用、观赏和珍藏价值。

②黄酒饮用及服务方法：

a. 温饮黄酒。最传统的黄酒饮法是隔水加热至45 ℃左右，最常用的酒容器是铜壶及锡壶，当然陶瓷容器也可以，不过导热性不如铜、锡好。这种温酒饮法，尤其适合最大宗的元红及加饭酒，这是自古流传下来的喝法，因为温热后的元红及加饭酒，最能提出酒香，也能增加酒的甘度，最重要的是饮用时暖人心肠，又不致伤胃。

b. 冰镇黄酒。将酒连瓶一起冰镇；将酒倒入到加有冰块的杯子中；与其他饮料酒水混合饮用。

c. 佐餐黄酒。饮酒时，配以不同的菜，则更可领略黄酒的特有风味：

- 干型的元红酒，宜配蔬菜类、海蜇皮等冷盘。
- 半干型的加饭酒，宜配肉类、大闸蟹。
- 半甜型的善酿酒，宜配鸡鸭类。
- 甜型的香雪酒，宜配甜菜类。

任务2　蒸馏酒

【知识库】

认知中国白酒

(1)中国白酒的定义

中国白酒是以富含淀粉质的粮谷类为原料，以中国酒曲为糖化发酵剂，采用固态、半固态或液态发酵，经蒸馏、贮存和勾调而成的含酒精的饮料。

(2)中国白酒的分类

①按所用酒曲和主要工艺分类。

在固态法白酒中主要的种类为：

a.大曲酒。以大曲为糖化发酵剂，大曲的原料主要是小麦、大麦，加上一定数量的豌豆。大曲又分为中温曲、高温曲和超高温曲。一般是固态发酵，大曲酒所酿的酒质量较好，多数名优酒均以大曲酿成，如茅台酒、五粮液、汾酒、董酒等。

b.小曲酒。小曲是以稻米为原料制成的，多采用半固态发酵，南方的白酒多是小曲酒，如黄酒类。

c.麸曲酒。以纯培养的曲霉菌及纯培养的酒母作为糖化、发酵剂，发酵时间较短，由于生产成本较低，为多数酒厂采用，以大众为消费对象，如栈桥白酒等。

d.混曲法白酒。主要是大曲和小曲混用所酿成的酒。

e.其他糖化剂法白酒。这是以糖化酶为糖化剂，加酿酒活性干酵母（或生香酵母）发酵酿制而成的白酒。

②固液结合法白酒的分类。

a.半固、半液发酵法白酒。其代表为桂林三花酒，是以大米为原料，小曲为糖化发酵剂，先在固态条件下糖化，再于半固态、半液态下发酵，而后蒸馏制成的白酒。

b.串香白酒。采用串香工艺制成，其代表有四川沱牌酒等。还有一种香精串蒸法白酒，此酒在香醅中加入香精后串蒸而得。

c.勾兑白酒。这种酒是将固态法白酒（不少于10%）与液态法白酒或食用酒精按适当比例进行勾兑而成的白酒。

d.液态发酵法白酒。又称“一步法”白酒，生产工艺类似于酒精生产，但在工艺上吸取了白酒的一些传统工艺，酒质一般较为淡泊，有的工艺采用生香酵母加以弥补。

此外还有调香白酒，这是以食用酒精为酒基，用食用香精及特制的调香白酒经调配而成。

③按白酒的香型分（在国家级评酒中，往往按这种方法对酒进行归类）。

a. 酱香型白酒。以茅台酒为代表，酱香柔润为其主要特点。发酵工艺最为复杂，所用的大曲多为超高温酒曲。

b. 浓香型白酒。以泸州老窖特曲、五粮液、洋河大曲等酒为代表。以浓香甘爽为特点，发酵原料是多种原料，以高粱为主，采用混蒸续渣工艺。发酵时采用陈年老窖，也有人工培养的老窖。在名优酒中，浓香型白酒的产量最大。四川、江苏等地的酒厂所产的酒均是这种类型。

c. 清香型白酒。以汾酒为代表，其特点是清香纯正，采用清蒸清渣发酵工艺，发酵时采用地缸。

d. 米香型白酒。以桂林三花酒为代表，其特点是米香纯正，以大米为原料，小曲为糖化剂。

e. 其他香型白酒。主要代表有西凤酒、董酒、白沙液等，香型各有特征，这些酒的酿造工艺采用浓香型、酱香型或清香型白酒的一些工艺，有的酒的蒸馏工艺也采用串香法。

④按白酒酒质分。

a. 国家名酒。国家评定的质量最高的酒，白酒的国家级评比共进行过 5 次。茅台酒、汾酒、泸州老窖、五粮液等酒在历次国家评酒会上都被评为名酒。

b. 国家级优质名酒。国家级优质酒的评比与名酒的评比同时进行。

c. 各省部级评比的名优酒。

d. 一般白酒。这种白酒大多是用液态法生产的。

⑤按白酒酒度高低分。

a. 高度白酒。这是我国传统生产方法所生产的白酒，酒度在 41 度以上，多在 55 度以上，一般不超过 65 度。

b. 低度白酒。采用了降度工艺，酒度一般在 38 度，也有 20 多度的。

（3）中国白酒服务

①中国白酒酒杯的选择。

a. 酱香型白酒专用杯。减少因高酸、高醇对口感的影响，提升回味及余香，达到回味悠长，余香不散、空杯留香的感受。倒斜壁的设计使人在饮酒时必须迅速后仰头部，否则难以喝尽。后仰头部喝酒时，通常会伸出舌尖抵住酒杯，令酒液更多地接触舌尖，感觉绵甜之味。最直接的效果就是减少了酸涩的刺激感，突出了回味感。

b. 浓香型白酒专用杯。发挥“浓”香的特点，提升香、绵、甜、爽的风格。大喇叭口设计帮助香气四溢。如此设计也是使人在喝酒时要稍微后仰头部，与酱香型酒杯的区别是，仰头时动作是先缓渐急，否则也难一饮而尽。这种设计使酒液缓缓流入舌面，充分感受到绵甜的感觉，最后仰头喝下。

c. 清香型白酒专用杯。体现其入口绵，落口甜，香气清正。采用了倒锥形酒杯的设计，敞开的杯口不加修饰地让香气外溢，感受酒清正之香。直斜壁的设计使酒液以大角度的扇面进入口腔，舌尖感受其甜，舌面感受其绵，舌侧感受其正（无刺激性酸涩感），舌根回味感受其长。

d. 米香型白酒专用杯。米香型酒香气清柔，幽雅纯净，入口柔绵，回味怡畅，给人以朴实纯正的美感。米香型白酒专用杯的设计特点是碗状的大杯，容量稍大。这样的酒杯能体现米酿香的特点，入口醇和，饮后微甜，尾子干净，减少苦涩或焦糊味。

e. 兼香型白酒专用杯。兼香型白酒之间风格相差较大，有的甚至截然不同，这种酒的闻香、口香和回味香各有不同，具有一酒多香的风格。这类酒在酿造工艺上吸取了清香型、浓香型和酱香型酒之精华，在继承和发扬传统酿造工艺的基础上独创而成。兼香型白酒专用杯要根据不同酒的特点来设计以达到扬长避短的功效，亦可使用接近风格的酒杯代替。

白酒杯一般用高脚玻璃杯，容量很少，也有用酒盅的，体小形圆，多为瓷制品。

②中国白酒酒水服务的容量。

中餐斟倒白酒的量一般为 8 分满。

③中国白酒的饮用及服务方法。

a. 中国白酒的饮用。

• 正常在室温下饮用。

• 稍稍加温后再饮，口味较为柔和，香气也浓郁，杂味消失。

• 白酒烫热喝，可以将酒中的甲醇等不利于人体健康的物质挥发掉一部分。其主要原因是，在较高的温度下，酒中的一些低沸点的成分，如乙醛、甲醇等较易挥发，这些成分通常都含有较辛辣的口味。

• 饮酒前先喝一杯牛奶，或吃几片面包，勿空腹喝酒，以免刺激胃黏膜。

• 饮酒前服用 B 族维生素，以保护肝脏。也可有意识地多吃富含 B 族维生素的动物肝脏、猪牛羊肉，蛋黄、蔬菜、燕麦等粗粮，以提高体内维生素 B 族含量，提高机体对乙醇的排毒能力。

• 喝白酒时，要多喝白开水，以利于酒精尽快随尿排出体外。

• 喝白酒时可以加冰块饮用。

• 喝酒时多吃绿叶蔬菜，其中的抗氧化剂和维生素可保护肝脏。

• 喝酒时多吃豆制品，其中的卵磷脂有保护肝脏的作用。

• 喝酒时不要喝碳酸饮料，如可乐、汽水等，以免加快身体吸收酒精的速度。

b. 服务方法。

• 征得客人同意后，在宾客面前打开白酒。

• 服务时左手持干净的服务口布，右手持白酒，从宾客右侧顺时针依次为宾客斟倒。

• 按照先宾后主，女士优先的原则。

• 酒瓶与酒杯成45°，瓶口不要触碰酒杯，但不要离杯过高，以免酒水溅出。

• 斟倒8分满。

• 倒完一杯酒时，顺时针方向轻轻转动瓶口，避免酒滴洒在台面上，并及时用干净的服务口布擦干瓶口。

• 商标始终朝向宾客。

任务3　软饮类

【知识库】

认知饮料

(1)饮料的定义

饮料是指以水为基本原料，由不同的配方和制造工艺生产出来，供人们直接饮用的液体食品。饮料除提供水分外，由于不同品种的饮料含有不等量的糖、酸、乳以及各种氨基酸、维生素、无机盐等营养成分，因此有一定的营养。

(2)饮料的分类

①碳酸饮料。碳酸饮料是在一定条件下充入二氧化碳的制品，又可分为多种类型。

a. 果味型：如橘子汽水、柠檬汽水等。

b. 可乐型：含有焦糖色、可乐香精或类似可乐果和水果香型的辛香、果香混合香型的碳酸饮料。

c. 低热量型：以甜味剂全部或部分代替糖类的各类型碳酸饮料和苏打水，成品热量低于75千焦耳/100毫升。

d. 其他型：含有植物油提取物或非果香型的食用香精为赋香剂，以及补充人体运动后失去的电解质、能量等的碳酸饮料，如姜汁汽水、沙汽水、运动汽水等。

②果汁及果汁饮料。它是用新鲜或冷藏水果为原料，经加工制成的饮品。大都采用打浆工艺，将水果或水果的可食部分加工制成未发酵但能发酵的浆液，或加入果浆在浓缩时失去的天然水分等量的水，制成的具有原水果果肉的色泽、风味的制品。

③蔬菜汁及蔬菜汁饮料。它是用新鲜或冷藏蔬菜（包括可食的根、茎、叶、花、果实，食用菌，食用藻类及蕨类）等为原料制成的饮料。分为蔬菜汁饮料、复合果蔬汁、发酵蔬菜汁饮料、食用菌饮料、藻类饮料、蕨类饮料。

④含乳饮料。它是以鲜乳或乳制品为原料，加入水、糖液、酸味剂等调制而成的制品。成品中蛋白质含量不低于1.0%称乳酸菌乳饮料，蛋白质含量不低于0.7%称乳酸菌饮料。

⑤植物蛋白饮料。它是用蛋白质含量较高的植物的果实、种子或核果类、坚果类的果仁等为原料，经加工制成的制品。成品中蛋白质含量不低于0.5%。常见的包括：豆乳类饮料、椰子乳饮料、杏仁乳饮料、其他植物蛋白饮料。

⑥瓶装饮用水。它是不含任何添加剂就可直接饮用的水。天然矿泉水：从地下深处自然涌出的或未受污染的地下矿水，含有一定量的矿物盐、微量元素或二氧化碳气体，允许添加二氧化碳气。纯净水：以符合生活饮用水卫生标准的水为水源，采用蒸馏法、电渗析法、离子交换法、反渗透法及其他适当的加工方法，以去除水中的矿物质、有机成分、有害物质及微生物等加工制成。

⑦茶饮料。用水浸泡茶叶，经抽提、过滤、澄清等工艺制成的茶汤或在茶汤中加入水、糖液、酸叶剂、食用香精、果汁或植（谷）物抽提液等调制加工而成的制品。它又包括茶汤饮料、果汁茶饮料、果味茶饮料、其他茶饮料。

(3)软饮服务

①杯子的选择。

a.矿泉水一般使用水杯，而带气矿泉水一般使用郁金香型香槟杯。

b.碳酸饮料使用柯林杯（高杯）。

c.果汁饮料一般使用高脚杯。

②软饮的饮用及服务方法。

a.矿泉水饮用及服务方法：

• 饮用前需放置在冷藏箱内，冷藏温度为6~8 ℃，饮用温度为8~12 ℃。
• 使用柯林杯（高杯）时，杯中不加冰块。
• 带气矿泉水应使用郁金香型香槟杯。
• 倒矿泉水时，瓶口不能触碰到杯口。
• 斟倒时注意速度，饮料不外溢，8分满为宜。
• 可根据客人需要在饮料中添加柠檬片。
• 矿泉水必须在客人面前开启。

b.碳酸饮料饮用及服务方法：

• 饮用前需放置在冷藏箱内，冷藏温度为4~6 ℃，饮用温度为10 ℃。
• 使用柯林杯（高杯）时，斟倒前先加入半杯冰块。
• 倒碳酸饮料时，瓶（罐）口不能触碰到杯口。
• 斟倒时注意速度，饮料不外溢，7分满为宜。
• 可根据客人需要在饮料中添加柠檬片（橙味汽水除外）。
• 碳酸饮料必须在客人面前开启。
• 在柯林杯（高杯）中加入搅棒和吸管。
• 请客人慢慢品尝。

c.果汁饮料饮用及服务方法：

• 饮用前需要冷藏，饮用温度为10 ℃。

• 使用果汁杯或高杯，杯中不加冰块。

• 绝大部分果汁不在杯中加入冰块和柠檬（番茄汁除外）。

【课堂练习】

1. 葡萄酒是以（　　）葡萄为原料经过自然发酵而酿造的酒。

2. 葡萄酒根据酿造方式的不同分为（　　）和（　　）两大类。

3. 黄酒是我国的民族特产，也称为（　　）。

4. 中国白酒是以酒曲为糖化发酵剂，采用固态、（　　）或液态发酵，经（　　）、贮存和勾调而成的含酒精的饮料。

5. 为了保证红葡萄酒的最佳饮用效果一般饮用的温度是（　　）℃。

6. 温饮黄酒，最传统的黄酒饮法是隔水加热至（　　）℃左右。

7. 中餐斟倒白酒的量一般为（　　）分满。

8. 矿泉水一般使用水杯，而带气矿泉水一般使用的杯子是（　　）。

【课堂效果评价】

日　期	年　月　日	信息反馈			备　注
理论知识掌握情况		☺	😐	☹	
专业概念掌握情况		☺	😐	☹	
自主学习情况					
个人学习总体评价		（　）	（　）	（　）	
小组总体评价		（　）	（　）	（　）	
困惑的内容					
希望老师补充的知识					
教师回复					

【知识拓展】

啤酒的妙用

1. 啤酒腌肉

用啤酒将面粉调稀，淋在肉片或肉丝上，炒出来的肉鲜嫩可口，特别是用此方法烹调

牛肉，效果更佳。

2. 啤酒拌菜

啤酒可使凉拌菜更加美味。将菜浸在啤酒中煮一下，酒一沸腾便取出，再加点调味剂。

3. 啤酒面饼

和面时水中掺些啤酒，烤制出的小薄面饼又脆又香。

4. 啤酒面包

将烤制面包的面团中揉入适量的啤酒，既容易烤制，又有一种近乎肉的味道。

5. 啤酒鱼

制作较肥的肉或脂肪较多的鱼时，加一杯啤酒，能消除油腻味，吃起来很爽口。

6. 啤酒去膻味

将制作待用的鸡放在盐、胡椒和啤酒中，浸1～2小时，能取掉鸡的膻味。

7. 啤酒牛蹄

用啤酒、白面豆豉酱和沙茶酱，与牛蹄一起用慢火熬焖，味道香浓，入口爽滑。

8. 阳朔啤酒鱼

这道菜是由桂林传统菜“黄焖鱼”改良而成的。当年阳朔的大排档以卖阳朔黄焖漓江鱼出名，其中有一摊主偶然把啤酒当料酒倒入正在焖的鱼锅中，鱼熟后香气四溢、口味鲜甜、质地爽嫩，之后成为此大排档的招牌菜，后阳朔各摊主纷纷仿效，使之成为阳朔的一道传统名菜。

9. 啤酒提子烧烟熏鸭胸肉

这是一道很西式的菜，用啤酒搭配鸭肉真是再适合不过，入口醇香，有股淡淡的酒香。

10. 香菇啤酒红烧肉

这道菜从头到尾都是用啤酒做成的，不用一滴水，因此肉熟烂、鲜美，肥而不腻，而香菇（香菇食品）吸收了油后，味道更鲜美。

【学习内容】

- 项目1　宴会台面设计
- 项目2　宴会台面命名的方法
- 项目3　宴会台面的装饰方法
- 项目4　宴会席位安排
- 项目5　宴会服务程序

【学习目标】

一、知识目标

了解宴会台面的类型；基本物资；掌握台面设计的作用、要求和原则；宴会席位和台型的设计及宴会服务程序。

二、能力目标

培养知识运用的能力。

三、情感目标

培养热爱本职工作的意识。

项目1

宴会台面设计

【项目导学】

✧任务　宴会台面的种类

【项目要求】

了解台形、口布、餐具等的摆设和造型，巧妙合理地将宴会主题和主人愿望艺术地运用到餐桌上。

【情景导入】

2015年10月在中国上海一家五星级饭店举行的APEC宴会，在一个800平方米的圆形宴会厅举行接待宴会。宴会厅墙面以绿色软包为主色，以浅柚木色的门与框为副色豌豆绿的餐厅地毯，青绿色的玻璃屏风把宴会厅隔离成过渡区与用餐区。请你根据现场的条件，设计一下宴会厅的布局、餐桌摆设、餐具的选择及搭配方法。

任务　宴会台面的种类

【知识库】

1)按餐饮风格分

(1)中式宴会台面

中式宴会台面以圆桌台面为主，台面的小件餐具一般包括筷子、汤匙、骨碟、筷架、味碟、口汤碗和各种酒杯。台面造型图案多为中国传统吉祥图饰，如鸳鸯、喜鹊、寿桃、蝴蝶、金鱼、孔雀、折扇等，一般摆十个台位，寓意十全十美。

(2)西式宴会台面

西式宴会台面有直长台面、横长台面、“T”形台面、“工”形台面、腰圆形台面和“M”形台面等。西餐台面的小件餐具一般包括各种餐刀、餐叉、餐勺、菜盘、面包盘和各种酒杯。

(3)中西混合宴会台面

中西混合宴会台面可用中餐宴会的圆台和西餐的各种台面，其小件餐具一般由中餐用的筷子，西餐用的餐刀、餐叉、餐勺和其他小件餐具组成。

2)按台面用途分

(1)餐台

餐台也称素台，又称食用台面，在饮食服务行业中称为正摆式。此种宴会台面的餐具摆放都应按照就餐人数的多少、菜单的编排和宴会标准来配用。餐台上的各种餐具、用具，间隔适当，清洁实用，美观大方，放在每位宾客的就餐席位前。各种装饰物品都必须整齐一致地摆放，而且要尽量相对居中。这种餐台多用于中、高档宴会的餐具摆设。

(2)看台

看台又称观赏台面，根据宴会的性质、内容，用各种小件餐具、小件物品和装饰物品摆设成各种图案，供宾客在就餐前观赏。在开宴上菜时，撤掉桌上的各种装饰物品，再把小件餐具分给各位宾客，让宾客在进餐时便于使用，这种台面多用于风味筵席。

(3)花台

花台又称艺术台面，是按宴席的性质、内容，用鲜花、绢花、盆景、花篮以及各种工艺美术品和雕刻物品等点缀构成各种新颖、别致、得体的台面，用于特别高档的宴会。这种台面设计要符合宴会的内容，突出宴会主题。图案的造型要结合宴会的特点，要具有一定的代表性，或者政治性，色彩要鲜艳醒目，造型要新颖、独特。

【课堂练习】

1. 中式宴会配用最为普遍的餐具是（　　）。

   A. 瓷器　　B. 陶器　　C. 玻璃　　D. 金属

2. 适合作为花台插花的花材是（　　）。

   A. 线状花　　B. 块状花　　C. 造型花　　D. 点状花

3. 民间视桃为祝寿纳福的吉祥物，多用于（　　）宴席。

4. 宴会台面设计中，餐具间的距离要均匀，最小距离为6厘米。（　　）

【课堂效果评价】

日 期	年 月 日	信息反馈			备 注
理论知识掌握情况		☺	😐	☹	
专业概念掌握情况		☺	😐	☹	
自主学习情况					
个人学习总体评价		（　）	（　）	（　）	
小组总体评价		（　）	（　）	（　）	
困惑的内容					
希望老师补充的知识					
教师回复					

【知识拓展】

1. 中餐宴会摆台三大元素设计

中餐宴会摆台就是通过主题、台面、布草，用服务员的组织、搭配、设计等技能呈现给大家的宴席印象。

1）主题

主题在于构思、创新，彰显地方文化、酒店文化。台面主题设计尽量挖掘地方文化，找到某个点放大，酝酿成熟了，这个主题就成了酒店的代表性文化，成功展示后，这就是酒店印象！如果现有的素材比较成熟，特别适合做传统主题的，也可以使用，但一定要有创新，这叫作主题多同，体现各不相同。主题的造型要丰满，不要太过直白，给人留有充分的想象空间，意境大于视觉，就像唐诗宋词，越看越有味，越看越爱不释手！

2）台面

中餐宴会摆台的桌面一般是直径 180 厘米，10 人位。所以主题的平面规格通常不超出 60 厘米，高度以 30 厘米为佳。尽量体现柔和美，不要过于阳刚，以免影响视觉的享受。

①餐具的选择：先考虑安全性，然后按实用性、引领性功能选择。

②酒杯的选择：杯型要统一协调，白酒杯、葡萄酒杯、水杯，层次从低到高最好相隔 2 厘米。

③筷套、牙签套要体现主题文化，颜色必须与主题或桌布相呼应。筷架不应太小太窄，否则会影响筷套的摆放。

④菜单的设计最讲究，要能体现主题，外观要同主题吻合。更深一层的体现：如兰花、茉莉花主题，菜单最好也薰成花香味。菜肴更要与主题相匹配。

3）布草

布草包括台底布、台盖布、口布、椅套、装饰布或桌旗。布草的颜色搭配和谐就好，建议采用两道主色，台盖布尽量选择纯色，色多则杂，杂而乱。

2. 中餐宴会摆台主题与布草的搭配

主题确认后，布草如何搭配呢？请把主题元素的主色调找出来，从中找一个最亮且最能发挥主题想象力的色调来。

让我们以“影视文化”这个主题来分析一下：影视文化该如何体现呢？影视文化大家马上会联想到胶卷，胶卷就会有怀旧感，于是，胶卷就串联起了各大名剧名演员。

怀旧的色彩原本比较沉闷：灰、黑、咖啡。先用删除法，黑色太深，很难再描述剧中人物，于是就选用了咖啡为主色，灰色做名剧名演员素材。只要主色调确认，其他细节再用心斟酌完善。菜单、筷套、牙签、口布也都做成了统一的咖啡色，只是深浅得有个层次来体现。

宴会主题摆台，桌布、椅套、口布、桌旗，都必须整体设计量身定做，尤其是椅套，厂家必须根据椅子来定做椅套，不一定非得做高档椅套，但椅套体现的是主题的精气神，必须大方、得体。

中餐宴会摆台，布草与主题的主色彩，最好不多于两种，色多则杂，杂则乱，主题就不突出。台底布与口布同，台盖布选浅色调比较容易彰显主题，颜色少了，在细节上更易做足功夫，精致才是根本。宴会主题摆台桌布，尽量不选用花色的，或杂色的。

项 目 2

宴会台面命名的方法

【项目导学】

✧任务 1　根据台面形状或餐具数命名

✧任务 2　根据台面造型及其寓意命名

【项目要求】

✧了解宴会台面的类型、基本物品、宴会台面美化的造型方法。掌握中式宴席摆台要求、标准与顺序。

【情景导入】

小李是一家五星级酒店宴会部的服务员。宴会部接到了承办宴会的任务，为了考察小李的工作能力，将宴会厅的布置任务交给了他。这个宴会是一个酒业集团的客户答谢宴，共有 7 桌，那么小李该怎样设计这次宴会呢？

任务1　根据台面形状或餐具数命名

【知识库】

1)根据台面形状命名

(1)中餐的圆桌台面、方桌台面、转台台面

①中餐的圆桌台面的标准尺寸。

a. 餐桌高：750 ~ 800 毫米。

b. 餐桌直径：500 ~ 800 毫米（2 人）；900 毫米（4 人）；1 100 毫米（5 人）；1 100 ~ 1 250 毫米（6 人）；1 300 ~ 1 500 毫米（8 人）；1 500 ~ 1 800 毫米（10 人）；1 800 ~ 2 000 毫米（12 人）；12 人以上根据宴会厅大小定做。

②方桌台面的标准尺寸。

a. 餐桌高：750 ~ 800 毫米。

b. 方餐桌尺寸：700 毫米×850 毫米（2 人）；1 350 毫米×850 毫米（4 人）；2 250 毫米×850 毫米（8 人）。

③转台台面的标准尺寸。

6 ~ 8 人一般为 700 ~ 850 毫米；8 ~ 12 人一般为 850 ~ 1 000 毫米。

④餐桌间距：应大于 500 毫米（其中座椅占 500 毫米）。

⑤主通道宽：1 200 ~ 1 300 毫米。

⑥内部工作通道宽：600 ~ 900 毫米。

(2)西餐的直长台面、"T" 形台面、"工" 形台面、"M" 形台面、"U" 形台面

西餐根据场地及参加宴会的人数设计不同造型的台面。

2)根据餐台餐具数命名

①按 5 件餐具台面。

②按 7 件餐具台面。

任务2　根据台面造型及其寓意命名

【知识库】

1)按台面造型及其寓意命名

(1)百鸟朝凤席

(2)蝴蝶闹花席

(3)友谊席

2)根据宴会的菜肴名称命名

(1)全羊席

(2)全鸭席

(3)鱼翅席

(4)海参席

(5)燕窝席

【课堂练习】

1. 宴会台型布置形式有（　　）。

A. 一字形排列　　B. 品字形排列

C. 菱形排列　　D. 五角星排列

2. 台面设计常见的吉祥物有（　　）。

A. 龙　　B. 凤

C. 孔雀　　D. 鸳鸯

3. 席位排列原则有（　　）。

A. 前上后下　　B. 右高左低

C. 中间为尊　　D. 面门为上、观景为佳

4. 百鸟朝凤席是按台面造型及其寓意命名。（　　）

5. 民间视桃为祝寿纳福的吉祥物，多用于祝寿宴席。（　　）

6. 宴会台面设计让中餐具间的距离要均匀，最小距离为6厘米。（　　）

【课堂效果评价】

日　期	年　月　日	信息反馈			备　注
理论知识掌握情况		☺	😐	☹	
专业概念掌握情况		☺	😐	☹	
自主学习情况					
个人学习总体评价		(　)	(　)	(　)	
小组总体评价		(　)	(　)	(　)	
困惑的内容					
希望老师补充的知识					
教师回复					

【知识拓展】

中国人餐桌上的礼仪

1. 就座和离席

①应等长者坐定后，方可入座。

②席上如有女士，应等女士座定后，方可入座。如女士座位在隔邻，应招呼女士。

③用餐结束，应等男、女主人离席后，其他宾客方可离席。

④坐姿要端正，与餐桌保持一定距离。

⑤在饭店用餐，应由服务员领台入座。

⑥离席时，应帮助旁边长者或女士拖拉座椅。

2. 餐巾的使用

①餐巾主要防止弄脏衣服，兼用于擦嘴及手上的油渍。

②必须等到大家坐定后，才可使用餐巾。

③餐巾摊开后，放在双膝上端的大腿上，切勿系入腰带或挂在西装领口。

④切忌用餐巾擦拭餐具。

3. 餐桌上的一般礼仪

①入座后姿势端正，脚踏在本人座位下，不可任意伸直，手肘不得靠桌缘，或将手放在邻座椅背上。

②用餐时须温文尔雅，从容安静，不能急躁。

③在餐桌上不能只顾自己，也要关心别人，尤其要招呼两侧的女宾。

④口内有食物，应避免说话。

⑤自用餐具不可伸入公用餐盘夹取菜肴。

⑥小口进食，不要大口地塞。

⑦取菜舀汤，应使用公筷公匙。

⑧吃进口的东西，不能吐出来，如是滚烫的食物，可喝水或果汁冲凉。

⑨送食物入口时，两肘应向内靠，不可向两旁张开，碰及邻座。

⑩自己手上持刀叉，或他人在咀嚼食物时，均应避免跟人说话或敬酒。

⑪不能匆忙送入口，否则汤汁滴在桌布上，极为不雅。

⑫切忌用手指掏牙，应用牙签，并以手或手帕遮掩。

⑬避免在餐桌上咳嗽、打喷嚏、吐气。万一不禁，应说声“对不起”。

⑭喝酒宜各随意，敬酒以礼到为止，切忌劝酒、猜拳、吆喝。

⑮如餐具坠地，可请侍者拾起。

⑯遇有意外，如不慎将酒、水、汤汁溅到他人衣服上，表示歉意即可，不必恐慌赔罪，反使对方难为情。

⑰如欲取用摆在同桌其他客人面前之调味品，应请邻座客人帮忙传递，不可伸手横越，长驱取物。

⑱如系主人亲自烹调食物，勿忘给予主人赞赏。

⑲如吃到不洁食物或异味食物，不可吞入，应将入口食物轻巧地用拇指和食指取出，放入盘中。如尚未吃食，发现盘中的菜肴有昆虫和碎石时，不要大惊小怪，宜候服务员走近，轻声告知服务员更换。

⑳食毕，餐具务必摆放整齐，不可凌乱放置。餐巾亦应折好，放在桌上。

㉑主食进行中，不宜抽烟，如需抽烟，必须先征得邻座的同意。

㉒在餐厅进餐，不能抢着付账，推拉争付，极为不雅。倘系做客，不能抢付账。未征得朋友同意，亦不宜代友付账。

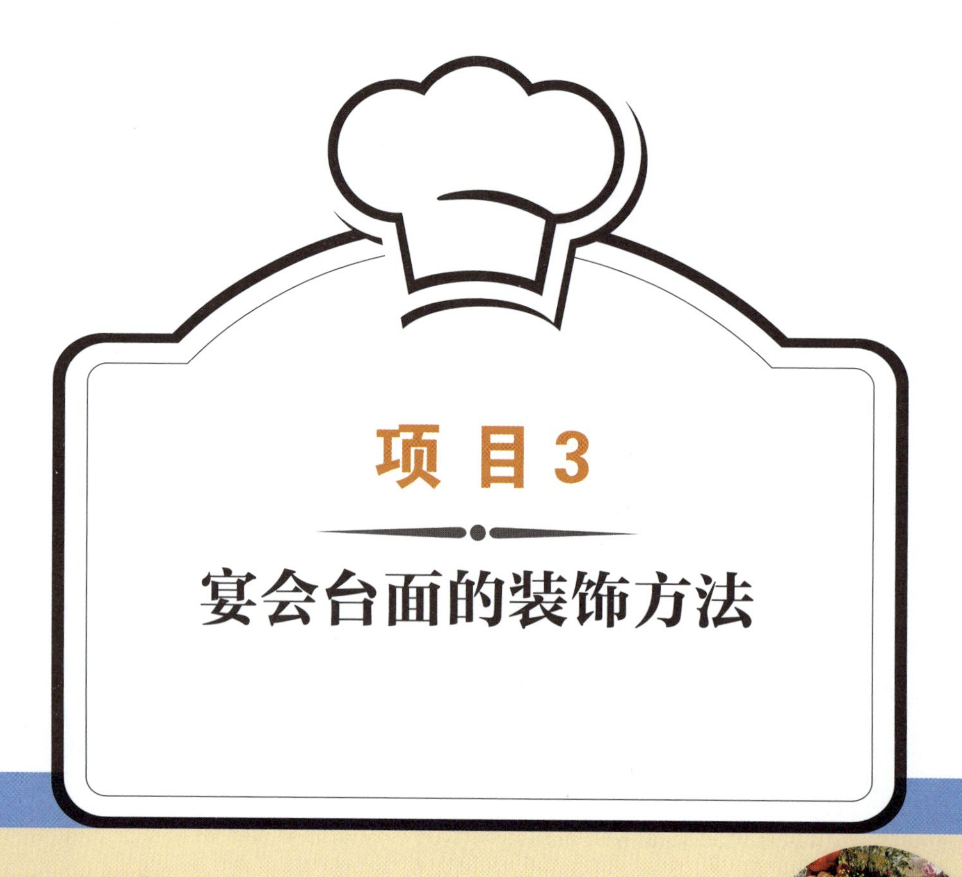

项目3

宴会台面的装饰方法

【项目导学】

✧任务1　宴会台面的主题设计

✧任务2　中心造型装饰台面设计

【项目要求】

✧了解宴席台面设计的主题内容及中心造型装饰台面设计的相关内容，掌握宴会台面的主题设计的流程及实际应用能力。

【情景导入】

现代企业的经营管理、企业的成功，离不开精心的策划。餐饮经营尤其如此，近期在某酒店餐饮部举行了一场创意主题宴会开发的比赛，请你从挖掘文化内涵、寻找主题特色、设计文化方案等方面，制作文化产品和提高服务。设计出一台主题鲜明，内容丰富，有文化底蕴的宴席。开始行动吧！

任务1　宴会台面的主题设计

【知识库】

1)宴会台面的主题设计

宴会台面的主题设计是根据宾客的要求和承办酒店的物质条件（在企业商品生产过程中所消耗的各种生产原料）和技术条件等因素，先拟订主题，然后对宴会场景、宴席台面、宴会菜单及宴会服务程序等进行统筹规划，并拟出实施方案和细则的创作过程。主题宴会台面设计就是根据宴会的主题、规模、档次、餐饮风格、就餐环境、场地形状、客人特殊需求等要求，通过一定的艺术手法和实现形式，布置出优雅大方、实用美观的就餐台面。

主题宴会是一系列以一个或多个历史文化或其他主题为标志，向顾客提供宴会所需菜肴、基本场所和服务礼仪的宴请形式。

主题宴会台面设计不仅是一门科学，同时也是一门艺术。设计宴会台面时，利用餐桌装饰与布置等可以烘托宴会的气氛，利用餐具、餐巾折花等摆设和造型可以反映宴会的主题，此外，台面设计的档次也表明了宴会的档次。主题宴会台面设计的科学性表现在台面设计时应综合美学、心理学、文学、历史等因素全盘考虑。主题宴会台面设计的艺术性表现在它既有序幕，也有主题和内容，然后再把情节推向高潮，直至尾声。

2)宴会台面的主题设计的流程

(1)根据宴会目的与顾客需求特点来确定宴会主题

宴会台面的主题设计首先要明确宴会主题，这与作家创作诗文前要先有一个主题思想再以文字表达，画家先有了主题思想再以画笔渲染成画的道理是相同的。主题宴会台面主题的确定需要考虑消费者的用餐目的、年龄结构、消费习俗、顾客心理、经济状况等因素。

(2)根据主题宴会台面寓意命名

大多成功的主题宴会台面，都拥有一个别致而典雅的名字，这便是台面的命名。只有给主题宴会台面恰当的命名，才能突出宴会的主题、暗示台面设计的艺术手法、增加宴会气氛。

(3)根据宴会的主题选择台布和台裙装饰

每个主题宴会都有它的特定主题，当然也要有和主题相配合的装饰。因此，台布、台裙的颜色、款式的选择要根据宴会主题来确定，以使整个台面更加美观和协调。

(4)根据宴会的主题选择和搭配餐具

在餐饮市场上，餐具主要有中式、西式、日式、韩式等不同风格，质地、形状、档次也有相当大的差异，可以大胆地把不同风格的餐具引为自用或特制出自创的主题餐具，搭配出形态万千的摆台造型，不仅可以满足顾客进餐的需要，同时可以渲染主题宴会气氛、暗示促销和美化餐台。

(5)根据主题选择合适的餐巾折花造型

丰富多彩的各类各色餐巾通过一些折法的变化和手艺的创新，可以折制出千姿百态的造型，并能衬托出田园式、节日式等不同宴会的主题和气氛。

(6)根据主题设计、装帧及陈列菜单

主题宴会菜单对宴会不仅有点缀作用、推销作用，而且还是主题宴会的重要标志，可以反映不同宴会的情调和特色，因此设计时必须根据宴会的主题精心设计菜单的装帧及陈列方法。

(7)根据宴会主题设计台面中心造型

主题宴会台面中心设计是根据宴会主题将自然界的植物以及工艺美术品或雕刻物品等主要素材，经过构思、加工组合等，成为含义各异、姿态万千的餐台艺术品。

(8)根据主题装饰牙签套、筷套、主题牌等

在主题宴会台面布局中牙签套、筷套、主题牌等是一个小的因素，但其作用不容小觑，必须根据宴会的主题风格，台面的色彩，餐具的档次搭配装饰，可从以下三个方面进行设计：

①用餐具装饰台面。它是利用客人使用的餐盘、酒杯、汤碗、筷子、勺子等物件搭配其本身的图案造型摆成象形会意等给台面命名，此法在创意摆台中运用较广泛。

②用台布餐巾椅套等部件装饰台面。它是利用餐巾折叠的花形、椅套的图案和桌布的色调，配合餐具等图案造型，使之与主题相统一，并以此命名台面。

③用鲜花装饰台面。可以根据客人宴会的形式选择相适应的花形摆放在餐台的中央，烘托宴会气氛。

任务2　中心造型装饰台面设计

【知识库】

宴会台面的中心造型不仅突出了宴会主题，同时，也体现了宴会的规格档次。在宴会台面设计中，它起到了举足轻重的作用。

1)设计造型

宴会台面的中心造型有花卉造型、雕塑造型、果品造型、餐具造型、鱼缸造型。

(1)花卉造型

(2)雕塑造型

(3)果品造型

(4)餐具造型

(5)鱼缸造型

2)设计思路

①从文化角度加深主题宴席的内涵。

②强调主题的单一性与个性化。

③突出主题宴会的美食化。

3)主题宴会的菜单主题设计

①以地域文化为主题。

②以特产原料为主题。

③以某一时代为主题。

④以节日和季节特色为主题。

⑤以名人、名著为主题。

【课堂练习】

1. 主题宴会台面设计就是根据宴会的（　　）、规模、（　　）、餐饮风格、（　　）、场地形状、客人特殊需求等要求，通过一定的艺术手法和实现形式，布置出优雅大方、实用美观的就餐台面。

2. 宴会中心造型装饰台面设计主要包括（　　）、（　　）、（　　）、（　　）、（　　）五大类。

【课堂效果评价】

日　期	年　月　日	信息反馈			备　注
理论知识掌握情况		☺	😐	☹	
专业概念掌握情况		☺	😐	☹	
自主学习情况					
个人学习总体评价		（　）	（　）	（　）	
小组总体评价		（　）	（　）	（　）	
困惑的内容					
希望老师补充的知识					
教师回复					

【知识拓展】

案例一：

宴会创新应注意的问题

1. 主题的选择和体现

宴会设计首先必须确立一个主题，最好具有时代感，做到主题明确、表述清楚。在各种各样宴会设计的比赛中，“婚宴”“寿宴”“庆功宴”之类的主题，比比皆是，想要获得与众不同的效果比较困难。主题确立的内容最好可以和季节、时令、当地的特产、独特的地理位置、风俗习惯、历史文化甚至流行因素等进行有机的结合。参加浙江省两届全国旅游饭店服务技能大赛的中餐宴会摆台作品主题分别是“印象西湖”和“西湖传说”，都是围绕天堂杭州“西湖”来命名，主题立意极大地彰显了地方地理文化特色。另外，餐台的布置要与主题相吻合，大到餐桌中心主题艺术装饰品，小到菜单、菜名等，无一不与主题相呼应，这样鲜明的主题才能得以具体、形象地体现。

2. 色彩的合理运用

色彩的和谐与否，在整个台面设计中也显得极其关键。协调的色彩既能让参加宴会的客人赏心悦目，又能突出宴会的主题，最重要的还能够透露出设计台面的理念和内涵。因为宴会台面设计要体现卫生安全性，所以在台面布置中白色使用频率最高，白色的餐具、白色的台布是酒店业最常见的物品。大型比赛中经常见到白绿色组合，鲜艳的绿色和纯洁的白色组合在一起既亮眼又优雅，绿色生机勃勃，象征着生命，白色素雅干净，象征着纯洁，能体现出一种文雅而又不失活力的美。简单地说，现在宴会台面的色彩搭配分为两大类：一类是近似色搭配，比如嫩绿色和黄色，因为近似色搭配在一起非常协调，视觉转化柔和；另一类色彩搭配是强色对比和互补色相配，具有很强的视觉冲击力，比如黑白色，非常对立而又有共性，是色彩达到极致的展现，能够用来表达富有哲理性的东西。

3. 自创独一无二的作品

职业学校学生思维活跃，动手能力强，在宴会台面设计中很多物品可以通过 DIY 来实现，既做到了与众不同，又降低了整个宴会台面的设计成本。从布料的选购，到桌布、口布、筷套、牙签套的制作，整个台面物品均可配套使用，令人感觉和谐协调，又新颖别致。从教育部组织的 2012 年全国职业院校技能大赛“中餐主题宴会设计”比赛来看，特意强调参赛学生选手主题设计中心艺术品的现场制作，对学生自身的创新能力要求越来越高。

当然，很多设计者在设计台面时，只是一味地追求造型效果，而忽略了它的实用性。另外，有些设计者认为花钱越多，买的东西越昂贵，宴会台面的档次就高，设计的作品就能够脱颖而出。其实作品的好坏和费用的投入并非成正比，关键还要看整个台面的色彩协调及文化韵味。

总之，创新主题宴会台面的设计是建立在实用性的基础之上，此外还要考虑到美观性、观赏性、礼仪性、卫生性与安全性等。通过主题宴会台面设计的创新，进一步培养高职院校学生思维空间的想象能力，动手能力以及创新、立业的综合能力，从而更好地服务于社会；进一步引导高职院校关注行业发展趋势，促进高职教育紧贴产业需求培养企业急需的高技能人才，加快工学结合人才培养模式改革和创新的步伐，培养酒店管理专业高素质的技能型人才。

项 目 4

宴会席位安排

【项目导学】

✧任务 1　中餐宴会席位安排

✧任务 2　中餐宴会台形设计

【项目要求】

✧了解与掌握中餐宴席的座次安排，能合理安排在正式宴请宾客时来宾的位次。在宴会的座位安排中，必须注意符合中餐宴会活动的不同礼仪规范，并能安排对多桌宴会的排序。

【情景导入】

某学校接待一德国学校来访的校长、主任、教师共计 6 人的访问团，学校安排接待德国代表团的代表有校长、副校长、翻译、教师共计 4 人，晚宴座次设计是针对校长、副校长、翻译、教师的，你能为他们合理安排本次晚宴的座次吗？

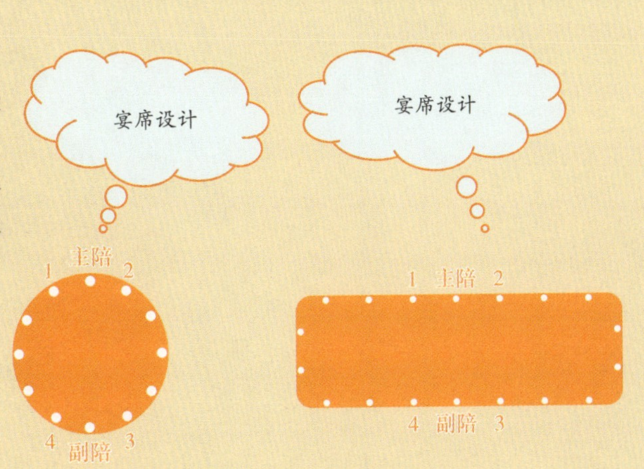

任务1　中餐宴会席位安排

【知识库】

宴会座次安排：根据宴会的性质、主办单位的特殊要求，以及出席宴会的客人身份确定其相应的座位。

举办中餐宴会一般用圆桌，每张餐桌上的具体位次有主次尊卑之分。宴会的主人应坐在主桌上，面对正门就座；同一张桌上位次的尊卑，根据距离主人的远近而定，以近为上，以远为下；同一张桌上距离主人相同的位次，排列顺序讲究以右为尊，以左为卑。在举行多桌宴会时，各桌之上均应有一位主桌主人的代表，作为各桌的主人，其位置一般应以主桌主人同向就座，有时也可以面向主桌主人就座。每张餐桌上，安排就餐人数一般应限制在10个人之内，多为双数。

1）中餐宴会的席位人员

中餐宴会一般有主人、副主人、主宾、副主宾、翻译以及其他陪同人员。其席位都有固定的安排，主人座位坐在上首，面向众席（背对重点装饰面），副主人在主人的对面，主宾在主人的右侧，副主宾在副主人的右侧，如有翻译应在主宾的右侧，其他陪同人员一般无严格规定。如果主人、主宾都带夫人赴宴，其座位安排应为：主人在上首，主宾在主人的右侧，主宾夫人在主人的左侧，主人夫人在主宾夫人的左侧，其他位次不变。遇有高规格的中餐宴会，餐厅服务员要协助客方承办人绘制座位安排图，一般都把来宾以其地位之高低，预先排定，将来宾的姓名、职称依席次画在一张平面图上，张贴在餐厅入口处，以便引导来宾按顺序入席。

2）中餐宴会席位安排

（1）每张桌上一个主位的排列方法

每张餐桌上只有一个主人，主宾在其右手就座，形成一个谈话中心。

(2)每张桌上有两个主位的排列方法

如主人夫妇就座于同一桌，以男主人为第一主人，女主人为第二主人，主宾和主宾夫人分别坐在男女主人右侧，桌上形成了两个谈话中心。

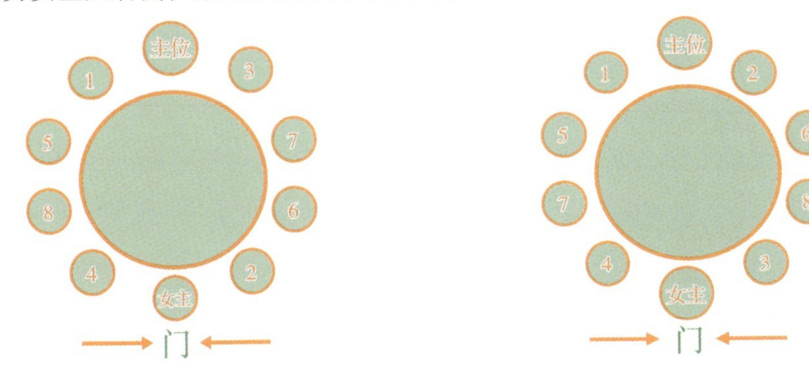

如遇主宾的身份高于主人时，为表示对他的尊重，可安排主宾在主人位次上就座，而主人则坐在主宾的位置上，第二主人坐在主宾的左侧。如果本单位出席人员中有身份高于主人者，可请其在主位就座，主人坐在身份高者的左侧。以上两种情况也可以不做变动，按常规予以安排。

任务2　中餐宴会台形设计

【知识库】

中餐宴会一般台形安排

(1)一桌宴会

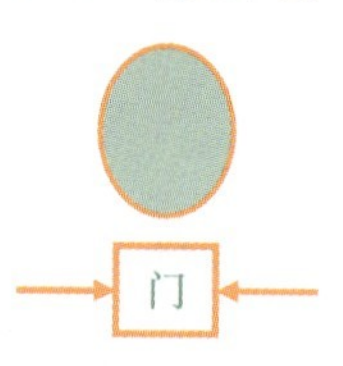

(2)二桌宴会

二桌宴会是由两桌组成的小型宴请，当两桌横排时，面对正门右边的为第一桌，左边的为第二桌，即遵循以右为尊、以左为卑的原则。当两桌竖排时，桌次高低讲究离正门越远越高，离门越近越低，即遵循以远为上，以近为下的原则。

(3)三桌宴会

在安排三桌宴会的桌次时，要注意“以门定位”“以右为尊”“中间为大”“以远为上”等原则。

当三桌横排时，中间那桌的桌次最高，面对正门的右桌的桌次为第二，最左边的桌次为第三，即遵循居中为大，以右为尊的原则。当三桌竖排时，中间的那桌为第一桌，接着是离门最远的为第二桌，最后是离门最近的为第三桌，即遵循以中为大、以远为上的原则。

(4)四桌宴会

当对四桌的桌次进行排列时，遵循“面门定位”“以右为上”“居中为上”“以远为上”，一般呈菱形摆放的原则。

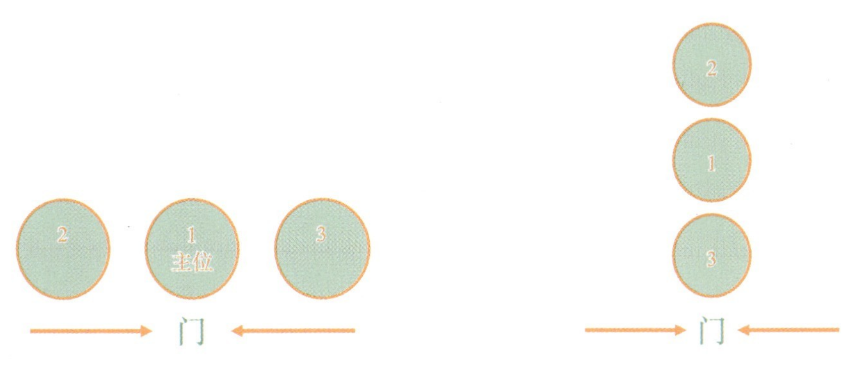

(5)五桌宴会

当对五桌以上的桌次进行排列时，讲究“面门定位”“以右为上”“居中为上”“以远为上”等原则。

(6)六桌宴会

当对六桌以上的桌次进行排列时，讲究“面门定位”“以右为上”“居中为上”“以远为上”等原则。

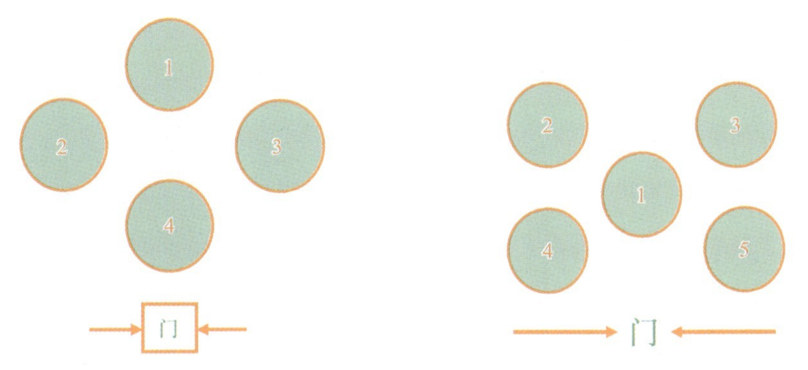

(7)七到十桌宴会

当对七桌以上的桌次进行排列时，遵循“面门定位”“以右为上”“居中为上”“以远为上”等原则。

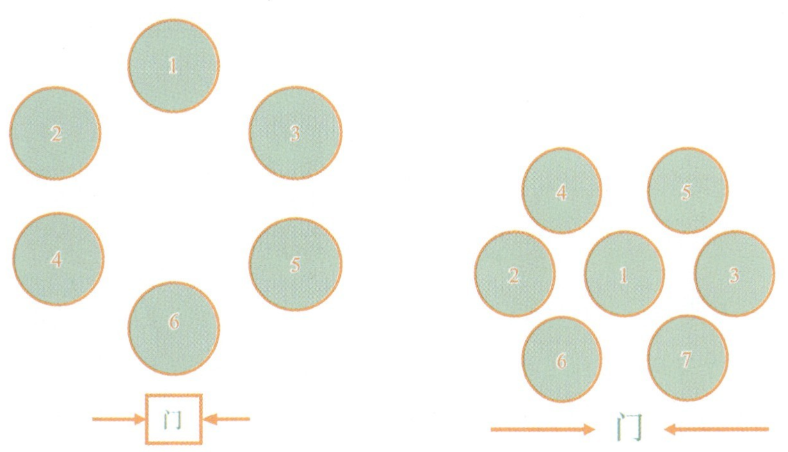

(8)大型宴会

当对十桌以上的桌次进行排列时，讲究“面门定位”“以右为上”“居中为上”“以远为上”等原则。

【课堂练习】

1. 当两桌横排时，面对正门右边的为第（　　）桌，左边的为第（　　）桌，即遵循以（　　）为尊、以（　　）为卑的原则。

2. 每张桌上一个主位的排列方法主宾在其（　　）就座，形成一个谈话中心。

3. 在安排三桌宴请的桌次时，要注意“（　　）”“（　　）”“（　　）”“以远为上”等原则。

【课堂效果评价】

日　期	年　月　日	信息反馈			备　注
理论知识掌握情况		☺	😐	☹	
专业概念掌握情况		☺	😐	☹	
自主学习情况					
个人学习总体评价		（　）	（　）	（　）	
小组总体评价		（　）	（　）	（　）	
困惑的内容					
希望老师补充的知识					
教师回复					

【知识拓展】

冷餐会的餐桌布局设计

冷餐会的餐桌应保证有足够的空间以便布置菜肴。按照人们正常的步幅，每走一步就能挑选一种菜肴的原则，应考虑所供给菜肴的种类与规定时间内服务客人人数间的比例，否则进度缓慢，会造成客人排队取菜或坐在座位上等候无法取菜的现象。

1. 餐桌拼摆

造型餐桌可以摆成 H 形、Y 形、L 形、C 形、S 形、Z 形及四分之一圆形、椭圆形。另外，为了避免拥挤，便于供给主菜（如烤牛肉等），可以设置独立的供给餐桌，客人手持盛满菜肴的菜碟穿过人群是比较危险的。若不在客人所坐位子供给点心，也可以另外摆设点心供给餐桌而与主要供给餐桌分开。

2. 餐桌桌布铺设

桌布从供给桌下垂至距地面 6.6 厘米处，这样既可以掩蔽桌脚，也避免了客人踩踏。假如使用色布或加褶，会使单调的长桌更加赏心悦目。

3. 餐桌中心拼摆

将供给餐桌的中心部分垫高，摆一些引人注目的拿手菜，例如火腿、火鸡及烤肉等。饰架及其上面的烛台、插花、水果及装饰用的冰块，也会增加高雅的气氛。各类碟之间的空隙可以摆一些牛尾菜、冬青等，装饰用柠檬树枝叶及果实花木等。

项 目 5

宴会服务程序

【项目导学】

✧任务 1　中餐宴会服务程序

✧任务 2　茶话会宴会服务程序

【项目要求】

✧了解掌握中餐宴会服务程序的相关内容及中式茶话会服务的相关服务程序，学会灵活运用所学相关知识，于实践中为驾驭本项专业打下坚实的基础。

【情景导入】

某四星级酒店在20××年全年，顾客对酒店提出有效投诉94条，其中对服务方面提出的投诉达54条，占酒店总投诉数量的57.44%。这意味着全年52周，该酒店平均每周都因服务出现问题至少遭受一位顾客的投诉。服务质量的高投诉率让我们不禁对自身提出疑问，我们每个人究竟有没有做好随时为顾客提供优质服务的准备？我们优质服务的闪光点在哪里？

任务1 中餐宴会服务程序

【知识库】

1)开宴前的服务程序

(1)宴会的承接

首先，由宴会部主管或营销部工作人员受理宴会预订，宴请活动的最后确认要由餐饮部经理批准执行，一经确定，则首先签订宴请合同，然后通知宴会部做好前厅的筹备工作。

①受理宴会预订。受理宴会预订时，需要掌握客人与宴会有关的情况，包括以下几个内容。

a.八知：知台数、知人数、知宴会标准、知开餐时间、知菜式品种、知主办单位或房号、知收费办法、知邀请对象及出菜顺序。

b.三了解：了解宾客风俗习惯、了解宾客生活忌讳、了解宾客特殊需要。

如果是外宾，还应了解其国籍、宗教、信仰、禁忌和品味特点。

②签订宴会合同。即填写宴会预订单、收宴会预订金或抵押支票，最后由双方签字生效。

③通知宴会部做准备工作。将客人预订宴会的详细情况以书面形式通知宴会服务部门。

(2)宴会联络与准备

①正式举办宴会前，厨房部、宴会厅、酒水部、采购部、工程部、保安部等各有关部门密切配合、通力合作，共同做好宴会前的准备工作。首先召开全体工作人员会议，传达信息，要求每位服务人员都要做到“八知”“三了解”。

②明确分工。规模较大的宴会，要确定总指挥人员，在准备阶段，要向服务人员交任务、讲意义、提要求、宣布人员分工和服务注意事项。

在人员分工方面，要根据宴会要求，对迎宾、值台、传菜、酒水、及贵宾室（VIP Room）等岗位，都有明确分工，每位服务人员都要有具体任务，将责任落实到个人，做好人力物力的充分准备，要求所有服务人员要从思想上重视，工作严谨，服务热情、主动、细致、礼貌、周全、气氛热烈，保证宴会善始善终。

③服务员按餐厅要求着装，按时到岗。

④按餐厅要求进行卫生打扫，要求摆位规范，器皿齐全，四周墙壁、器具、桌椅无灰尘。

(3)宴会前必需的组织准备工作

在开餐前一定时间内开始进行宴会前的组织准备工作，各大酒店对这段时间的长短有不同规定，另外还要依据宴会的规模档次，以及宴会厅布置的繁琐程度来确定，一般场景布置在开餐前 4 小时开始布置，台型布置在开餐前 2 小时开始布置，筹备工作从开餐前 8 小时即开始准备。

①场景布置。根据宾客要求及宴请标准进行场景布置，一般在宴会厅周围摆放盆景花草，或在主台后面用花坛、画屏、大型青翠树枝盆景装饰，用以增加宴会的隆重、盛大与热烈欢迎的气氛。若是喜宴场景布置则在靠近主桌前方或厅内醒目位置悬挂“喜”或“寿”字，以渲染气氛。

②台型布置。管理人员要根据宴会前掌握的情况，按宴会厅的面积和形状及宴会要求，设计好餐桌排列图，研究具体措施和注意事项，设计时要按宴会台型布置的原则，即“中心第一，先左后右，高近低远”的原则来设计。在布置过程中做到餐桌摆放整齐、横竖成行、斜对成线，既要突出主台，排列整齐，间隔适当，又要方便就餐，便于服务员席间操作。通常宴会每桌占地面积标准为 10 ~ 12 平方米，桌与桌之间距离为两米以上，重大宴会的主通道要适当地宽敞一些，同时铺上红地毯，突出主行道。

③熟悉菜单。服务员应熟悉宴会菜单和主要菜点的风味特色，以做好上菜、派菜和回答宾客对菜点提出询问的思想准备，同时，应了解每道菜的服务程序，保证准确无误地进行上菜服务。

对于菜单，应做到：能准确说出每道菜的名称，能准确描述每道菜的风味特色，能准确讲出每道菜的配菜和配食佐料，能准确知道每道菜肴的制作方法，以便服务宾客。

④物品的准备。根据菜单的服务要求，准备好各种金器、银器、瓷器、玻璃器皿等餐具酒具、备好与菜肴搭配的佐料、开水、茶叶，备好鲜花、酒水、香烟、水果以及服务中所用物品（毛巾、分餐用具、笔、开瓶器、脏物夹等）。

准备物品时要注意，重点宴会要多准备一些菜单，做到人手一份，要求封面精美、字体规范，可留作纪念。

⑤铺设餐台。摆放餐具和餐巾时，要将正、副主人的座位拉开对正，然后把其他座位按均等的距离拉好摆好。

⑥安排席位。凡正式宴请，每个客人座位前都放席卡，通常叫做“名卡”。卡片上写有参加者的姓名，便于对号入座。座次的安排一般依身份而定。

⑦摆设冷盘。大型宴会开始前 15 分钟左右摆上冷盘，然后斟预备酒。所谓预备酒，一般斟白酒，以示庄重，像其他酒水如葡萄酒、啤酒、饮料等不适合预先斟倒。斟倒预备

酒的意义就在于宾主落座后致辞，然后干杯，这杯酒如果不预先斟好，宾客来后再斟，会显得手忙脚乱。

摆设冷盘时，要根据菜点的品种和数量，注意菜点色调的分布、荤素的搭配、菜型的反正、刀口的逆顺、菜盘间的距离等。好的摆台不仅能为宾客提供一个舒适的就餐地点和一套必需的进餐工具，而且能给宾客赏心悦目的艺术享受，为宴会增添隆重又欢快的气氛。

准备工作就绪后，宴会管理人员要作一次全面的检查，从台面服务、传菜人员等分派是否合理，到餐具、饮料、酒水、水果是否备齐；从摆台是否符合规格，到各种用具及调料是否备齐并略有盈余；从宴会厅的清洁卫生是否搞好，到餐酒具的消毒是否符合卫生标准；从服务员的个人卫生、仪表装束是否整洁，到照明、空调、音响等系统功能是否正常工作等。以上都要一一进行仔细的检查，做到有备无患，保证宴会按时保质举行。

(4)宴会的迎宾工作

①热情迎宾。根据宴会的入场时间、宴会主管人员和迎宾员提前在宴会厅门口迎候客人，值台服务员站在各自负责的餐桌旁准备侍候。宾客到达时，要热情迎接、微笑问好，侍宾客脱去衣帽后挂好，表情自然大方，将宾客引入休息厅就座休息，回答宾客问题和引领宾客时注意使用敬语，做到态度和蔼，语言亲切。

②接挂衣帽。如宴会规模较小，可不设专门的衣帽间，只在宴会厅房门前放衣帽架，安排服务员照顾宾客宽衣并接挂衣帽。

若宴会规模较大，则需设衣帽间并凭牌存取衣帽。接挂衣物时应握衣领，切勿倒提，以防衣袋内的物品倒出。贵重的衣物要用衣架，以防衣服走样。重要宾客的衣物，要挂于显眼处，贵重物品请宾客自己保管。

③端茶递巾。宾客进入休息厅后，服务员应招呼入座并根据接待要求，递上香巾、热茶或酒水饮料。宾客抽烟，应主动为其点火。递巾送茶服务均按先宾后主，女士优先的原则。

2)宴会中的就餐服务

(1)入席服务

值台服务员在开宴前5分钟斟好果酒，站在各自服务的席台旁等候宾客入席。（注：目前，许多非正式的中餐宴会受西餐宴会的影响，在开宴前祝酒时饮用的第一杯酒也改为低度果酒，果酒颜色艳丽，为宴会增添欢快气氛，同时果酒酒度较低，也符合饮酒规律，但果酒不能斟倒太早，尤其是香槟，应待宾客临近入席时斟酒。高档正式宴会第一杯酒还应是中国酒。）当宾客来到席前，要面带笑容，引请入座。在照顾宾客入座时，用双手和右脚尖将椅子稍稍撤后，然后徐徐向前轻推，让宾客坐稳坐好。照顾宾客入席应按先女宾后男宾、先主宾后一般宾客的顺序进行。对年老行动不便的宾客或年幼的宾客要优先照顾。

待宾客坐定后，把台号、席位卡、花瓶或插花拿走。菜单放在主人面前，为宾客服务第一道毛巾，接着问茶并主动介绍供应的品种，打开口布轻轻铺在客人腿上，撤下筷套，迅速上茶，根据客人的要求斟倒酒水或饮料。

(2)斟酒服务

①为宾客斟倒酒水时，要先征求宾客的意见，根据宾客的要求斟倒各自喜欢的酒水饮料，如宾客提出不要，应将宾客前的空杯撤走。

②斟酒时，服务员应站在来宾的身后右侧，右脚向前，身体微倾，右手持瓶底部，酒瓶的商标面向来宾，瓶口离杯口 1 ~ 2 厘米，斟至 8 分满即可。

③在只有一名服务员斟酒时，应从主宾开始，再主人，然后顺时针方向进行（如有女宾，按女士优先的原则）。

在有两个服务员为同一桌来宾斟酒时，一个从主宾开始，另一个从副主宾开始斟酒，然后按顺时针方向进行。

④在宾主互相祝酒讲话前，服务员应斟好所有来宾的酒或其他饮料。在宾主讲话时，服务员停止一切活动。讲话结束后，如果宾主间的座位有段距离，服务员应准备好两种酒，放在小托盘中，侍立在旁，并在主宾端起酒杯后，迅速离开。如果宾主在原位祝酒，服务员应在致辞完毕干杯后，迅速给其续酒。

⑤当客人起立干杯、敬酒时，要帮客人拉椅（即向后移），然后迅速拿起酒瓶跟随客人准备添酒，添酒量应随客人的意愿。宾主就座时，要将椅推向前。拉椅、推椅都要注意客人的安全。

⑥宾客离开座位去敬酒时，要将客人的席巾叠好放在客人的筷子旁边，席巾折成好看的图形。

⑦在宴会中，服务员要随时注意每位来宾的酒杯，见喝剩至 1/3 时，应及时添加。斟酒时注意不要弄错酒水。

⑧宴会期间要及时为客人添加饮料、酒水，直至客人示意不要为止（如酒水用完应征询主人意见是否需要添加）。

(3)上菜服务

各类不同的宴会，由于菜肴的搭配不同，上菜的程序也不尽相同。这都要根据宴席类型、特点、需要，因人、因事而定。

现在中餐宴会上菜顺序与传统上菜顺序有所区别，各大菜系之间也略有不同，一般是：冷盘、热炒、大菜、汤菜、炒饭、面点、水果。上汤则表示菜已上齐，有的地方还有上一道点心再上一道菜的做法。

粤菜的上菜顺序则是：冷盘、羹汤、热炒、大菜、青菜、点心、炒饭、水果。上青菜则表示菜已上齐。

上菜时，要注意以下几点：

①在宴会中，每种菜肴上席/上桌应遵循一定的程序，除上述顺序外，总的原则是先冷后热，先炒后烧，先咸后甜，先清淡，后味浓。

②要选择正确的上菜位置，操作时站在译陪人员之间，即“上菜口”的位置，将菜盘放在转盘中间。凡是鸡、鸭、鱼整体或椭圆形的大菜盘，在摆放后应转动转盘、将头的位置转向主人，使腹部或胸脯正对主宾。

③每上一道菜要后退一步站好，然后要向客人介绍菜名和风味特点，表情要自然，吐字要清晰。如客人有兴趣，则可以介绍与地方名菜相关的民间故事，有些特殊的菜应介绍食用方法。在介绍前，将菜放在转台上，向客人展示菜的造型，使客人能领略到菜的色香味形质，边介绍边将转台旋转一圈，让所有的客人均可看清楚。

④上菜之前，应先把旧菜拿走。如盘中还有分剩的菜，应征询宾客是否需要添加，在宾客表示不再要时方可撤走。保证台面间隙适当，严禁“盘上叠盘”。

⑤上菜时间注意主场控制得宜，不可时快时慢，并遵循右上右撤的服务程序，不能跨位递撤。

(4)宴会的派菜服务

宴会的派菜服务是要求服务人员主动均匀地为客人分菜、分汤。凡是宴会都要主动均匀地为客人分菜分汤，掌握好菜的分量与数量，做到分派均匀。凡配有佐料的菜，在分派时要先沾（夹）上佐料再分到餐碟里，分菜是应站在客人的左侧，左手垫一毛巾托菜，右手用叉勺。操作次序也是先宾后主，顺时针方向分派。

目前中式宴会有多种派菜方法：

①服务人员左手托盘，右手拿叉与勺，站在客人的左边将菜分派到客人的餐盘中。

②将菜盘与客人的餐盘一起放在转台上，服务员用叉和勺将菜分派到客人的餐盘中，而后由客人自取或服务员协助将餐盘送到客人面前。

③将菜在转台向客人展示后，由服务员端至备餐台，将菜分派到客人的餐盘中，而后用托盘将菜送至宴会桌边，用右手将菜从客人的左侧放到客人的面前，与此同时，应先将客人面前的污餐盘收走。

三种派菜方法各有特点，究竟采用何种方法，应由餐厅统一规定。对于大型宴会，每一桌服务人员的派菜方法应是一致的，这样可显出整个宴会气氛的一致性和服务人员的训练有素。派菜时，应将有骨头的菜肴如鱼、鸡等大骨头剔除。派菜要均匀，如果客人表示不要此菜，则不必勉强。

④上菜时，先上酱料再上菜，注意菜要趁热上，上台后方可拿开菜盖，介绍菜后再分菜。

⑤分菜时尽可能避免发出声响，并注意主配料搭配及分菜分量。

(5)甜品的服务

①所有菜及主食上完后，在上甜食前，服务员要将用过的餐具全部撤掉，只留水杯及葡萄酒杯于台面，并换上新餐具及水果叉。

②待客人用完甜食后，服务员要为客人换上一条新毛巾并送上茶水。

值得注意的是多台宴会甜食的服务时间要看主台的节奏，听指挥，看信号或听音乐(采取什么方法由宴会部定)，做到行动统一，以免造成上得过早或上得过迟。

为了保证菜点的质量（火候、色泽和温度等），使宾客食用后满意，服务员应加强前后台的联系，恰到好处地掌握上菜的时间和速度，菜上得过慢，会造成空盘或冷菜、汤凉的现象，菜上得过快，会使宾客吃不好和有被催促的感觉。特别是当主人和主宾即席致祝酒词时，要和厨房及时联系，采取措施，同时要根据席上客人食用的情况，保持和厨房的紧密配合，通常是客慢则慢，客快则快。

(6)撤换餐具

为显示宴会服务的优良和菜肴的名贵，突出菜肴的风味特点，保持桌面卫生雅致，在宴会进行的过程中，需要多次撤换餐碟或小汤碗，重要宴会要求每道菜换一次餐碟，一般宴会换碟次数不得少于三次，通常在下述情况下，就应换骨碟。

①上翅、羹或汤之前，上一套小汤碗，待宾客吃完后，送上毛巾，收回翅碗，换上干净骨碟。

②吃完带骨的食物后，及时更换餐碟。

③上完芡汁多的食物后，换上干净餐碟。

④上甜菜、甜品之前更换所有的餐碟和小汤碗。

⑤上水果之前，更换干净的餐碟和上水果刀叉。

⑥残渣骨刺较多或有其他脏物，如烟灰、废纸、用过的牙签的餐碟，要随时更换。

⑦宾客失误，将餐具跌落在地的要立即更换。

⑧吃完鱼、虾、蟹等手拿食物后，及时更换餐碟。

撤换餐碟时，要待宾客将碟中食物吃完方可进行，如宾客放下筷子而菜未吃完的，应征得宾客同意后才能撤换。撤换时要边撤边换，撤与换交替进行。按先宾后主再其他宾客的顺序先撤后换，站在宾客右侧操作。

(7)席间服务

在宴会进行中，注意四勤（即嘴勤、手勤、腿勤、眼勤）。细心观察宾客的表情及示意动作，眼观六路、耳听八方，采取主动服务。一切行动做在客人开口之前，当客人准备吸烟时，要主动上前为客人点烟，操作时用右手在客人右侧进行（注意：不能用同一火苗为两个以上的客人点烟）。服务时，态度要和蔼，语言要亲切，动作要敏捷。放餐具要轻拿轻放，右手操作时，左手要自然弯曲放在背后，暂停工作时，要站在一边与台面保持一定距离，站立要端正，眼神要专注。

如客人的餐巾、餐具、筷子掉在地上应马上拾起，席间烟灰缸里若有一个烟头，烟灰缸就要立即更换，骨碟内不得超过两根骨头或 3 立方厘米。

在撤换菜盘时，如转盘脏了，要及时抹干净。抹时用抹布和一只餐碟进行操作，以免脏物掉到台布上。转盘清理干净后才能重新上菜。

若宾客在席上弄翻了酒水杯具、要迅速用餐巾或香巾帮助宾客清洁，并用干净餐巾盖上弄脏部位，为宾客换上新的杯具，然后重新斟上酒水。

宾客吃完饭、面点，送上热茶和香巾，随即收去台上除酒杯、茶杯以外的全部餐具，抹净转盘，换上点心碟、水果刀叉、小汤碗和汤匙，然后上甜品、水果，并按分菜顺序分送给宾客。

宴会中若有即兴演唱等活动，或临时增加服务项目，服务员要及时与厨师上鲜花，以示宴会结束。

3)宴会的收尾工作

(1)结账准备

上菜完毕后即可做结账准备。清点所有酒水、香烟、佐料、加菜等宴会菜单以外的费用并累计总数，送收款处准备账单，并进行核对，埋单时需用收银本，柔声向客人说明金额，“多谢”客人。结账时，现金现收。若是签单、签卡或转账结算，应将账单交宾客或宴会经办人签字后送收款处核实，及时入账结算。

(2)拉椅送客

主人宣布宴会结束，服务员要提醒宾客带齐携来物品。当宾客起身离座时，要主动拉开座椅，以方便其离席行走。视具体情况目送或随送宾客至餐厅门口，热情告别。不要在客人刚刚起身还未走出宴会厅时便忙于收台，如宴会后安排休息，要根据接待要求进行餐后服务。

(3)取递衣帽

宾客出餐厅时，衣帽间的服务员应根据取衣牌号码或凭记忆，及时、准确地将衣帽取递给宾客。

(4)收台检查

在宾客离席的同时，服务员要检查台面上是否有未熄灭的烟头，是否有宾客遗留的物品。在宾客全部离去后立即清理台面。清理台面时，按先餐巾、香巾和金银器，然后酒水杯、瓷器、刀叉筷子的顺序分类收拾。凡贵重餐具要当场清点。

(5)清理现场

各类开餐用具要按规定位置复位，重新摆放整齐，开餐现场重新布置，恢复原样，以备下次使用。

(6)关闭电灯、门窗

收尾工作做完后，领班要做检查。待全部项目合格后方可离开或下班。

4）宴会的注意事项

①客人进厅房，如客人脱外套要主动替客人挂好衣帽、提包，如客人有外套挂在椅背上，要用洁净餐巾盖上，以防弄污。

②服务操作时，注意轻拿轻放，严防打碎餐具和碰翻酒瓶酒杯，从而影响场内气氛。如果不慎将酒水或菜汁洒在宾客身上，要表示歉意，并立即用毛巾或香巾帮助擦拭（如为女宾，男服务员不要动手帮助擦拭，可请女服务员帮忙）。

③撤换餐具要视全体吃完后方可收，如客人放筷子而菜未吃完，则先向客人示意后再撤。上菜时不得将菜盘摞起来，收盘时不可一摞撤下。

④当宾主席间讲话或举行国宴席间演奏国歌时，服务员要停止操作，迅速退至工作台两侧肃立，姿势端正，餐厅内保持安静，切忌发出响声。

⑤宴会进行中，各桌服务员要分工协作，密切配合，服务员出现漏洞，要立刻互相弥补，以高质量的服务和食品赢得宾客的赞赏。

⑥席间如有事或电话需要告诉客人，要略欠身，低声细语，不可大声大气，干扰其他宾客，如找身份较高的主宾或主人，应通过主办单位的工作人员或翻译转告。

⑦席间若有宾客突感身体不适，应立即请医务室协助并向领导汇报，将食物原样保存，以便化验。

⑧注意毛巾要夏冷冬热。

⑨宴会结束后，应主动征求宾主和陪同人员对服务和菜品的意见，客气地与宾客道别，当宾客主动与自己握手表示感谢时，视宾客神态适当地握手。

⑩宴会主管人员要对完成任务的情况进行小结，以利发扬成绩、克服缺点，不断提高餐厅服务质量。

任务 2　茶话会宴会服务程序

【知识库】

茶话会服务

(1)茶话会的准备工作

①了解茶话会的内容、形式和特点。

a. 是否需要设讲台。

b. 是否有文艺节目表演。

c. 是否设置主台及悬挂横额。

d. 饮料和小吃的安排。

e. 茶话会开始和结束的时间。

②根据客户要求落实横幅标语的悬挂和茶话会会场背景布置工作，准备好主宾台和来宾台。人数多的茶话会可按照中餐宴会的台型设 10 ~ 12 人一席，人数少的可利用多功能厅房进行布置。

③根据茶话会的人数准备好茶具，确保茶具洁净无破损。如每台 10 人，应备茶壶 3 只。茶壶下面要放垫碟。

④准备台面用品、布巾、牙签、烟灰盅和台号牌。

⑤准备水果刀、点心叉和点心垫碟。

⑥检查并确保会场的环境卫生、会议设备、灯光和空调符合要求。

⑦茶话会开始前 1 小时，冲好茶胆。

⑧茶话会开始前 10 分钟，将水果及点心摆上台，要求对称、美观大方。

⑨茶话会开始前，服务人员检查仪表仪容和整理制服着装，确保精神饱满地迎接客人。

(2)茶话会服务

①微笑。茶话会的招待用品，饮料主要是茶，如夏季可增加橙汁、啤酒等。如是外宾，应提供红茶或咖啡。食品通常是干果、糖果、水果、点心、炸年糕和小笼包等。

②餐桌的摆设。在每位宾客座位前的桌面上放一个食盘，盘的左边放点心叉，右边放水果刀，刀旁放一双筷子，在餐盘的左上侧放一只瓷茶杯（如有橙汁、啤酒，要增放一只玻璃杯）。在圆桌座位上方的右侧放一把茶壶（壶下垫上茶壶盘）。再把烟碟、牙签筒、一盘小毛巾（按中餐宴会摆台方法）均匀地摆在桌面上。

③服务程序。要求在茶话会开始前的40分钟一切工作准备就绪。准备好干果、水果、点心、饮具。提前30分钟润茶。等宾客陆续入场后，在润茶的茶壶中加满开水，由宾客自己斟入杯中。对于年老体弱的宾客，服务员应主动照顾，将茶倒入杯中。如茶话会进行的时间较长，应酌情换为新茶；如茶话会上使用高杯饮茶，可不备茶壶，将茶叶直接放入高杯中。宾客入座后，往杯中倒入开水。如果茶话会上备有热菜点，一般在开始后，根据统一安排依次端上桌。席间若有文艺节目安排，应布置好演出场地、化妆室和演员休息室，并做好为演员服务的各项工作。

【课堂练习】

1. 试论述中餐宴会开宴前的服务程序包括哪些方面。
2. 简述中餐宴会派菜服务的具体程序和方法。
3. 简述茶话会宴会服务的特点。

【课堂效果评价】

日　期	年　月　日	信息反馈			备　注
理论知识掌握情况		☺	😐	☹	
专业概念掌握情况		☺	😐	☹	
自主学习情况					
个人学习总体评价		（　）	（　）	（　）	
小组总体评价		（　）	（　）	（　）	
困惑的内容					
希望老师补充的知识					
教师回复					

【知识拓展】

一、自助餐餐台设计

自助餐台也叫食品陈列台，可以安排在宴会厅中心或靠某一墙边，也可放于宴会厅一角；可以摆一个完整的大台，也可以由一个主台和几个小台组成。自助餐台的安排形式多样、变化多端，常见的自助餐台有如下设计。

①“I”形台：即长台，是最基本的台形，常靠墙摆放。

②“L”形台：由两个长台拼成，一般放于餐厅一角。

③“○”形台：即圆台，通常摆在餐厅中心。

④其他台形：根据场地特点及宾客要求可采用长台、扇面台、圆台、半圆台等拼接出各种新奇别致、美观流畅的台形。

二、自助餐台的摆设要留意的事项

①餐台的设计布置方面，通常可以选定某一主题来发挥，譬如以节庆为设计主题（例如，圣诞节时便以圣诞节的主题来布置），或取用主办单位的相关事物（例如产品、标识等）来设计装饰物品（如冰雕等），均可使宴会场地增色不少。自助餐台要布置在显眼的地方，使宾客一进餐厅就能看见。自助餐台不应让宾客看见桌腿，可铺展台布并围上桌裙或装饰布。

②菜肴的摆设应具有立体感，色彩搭配要公道，装饰要美观大方，不要过于拥挤。另外可在可乐箱上覆盖桌布作为垫菜的工具。

③菜色必须按规矩来摆设。例如，冷盘、沙拉、热食、点心、水果等应依顺序排好。假如宴会场地够大，可再细分成冰盘沙拉区、热食区、切肉面包区、水果点心区等。

④自助餐台必须设在客人进门便可轻易看到且方便厨房补菜之处，另须考虑其摆设地点应为所有客人都轻易到达而又不阻碍通道的地方。

⑤在人数很多的大型宴会中，可以采用一个餐台两面同时拿菜的方法。最好是每150 ~ 200位客人就有一个两面拿菜的餐台，这样可以节省排队拿菜的时间，以免客人等太久。

⑥自助餐台的大小要考虑宾客人数及菜肴品种的多少，并要考虑宾客取菜的人流方向，避免拥挤和堵塞。

⑦餐台的灯光必须足够，否则摆设再漂亮的菜肴也无法显现其特色。尤其是冰雕部分

更需要不同颜色的灯光来照射。可用聚光灯照射台面，但切忌用彩色灯光，以免改变菜肴颜色，从而影响宾客食欲。

下图为西式自助餐台布局。

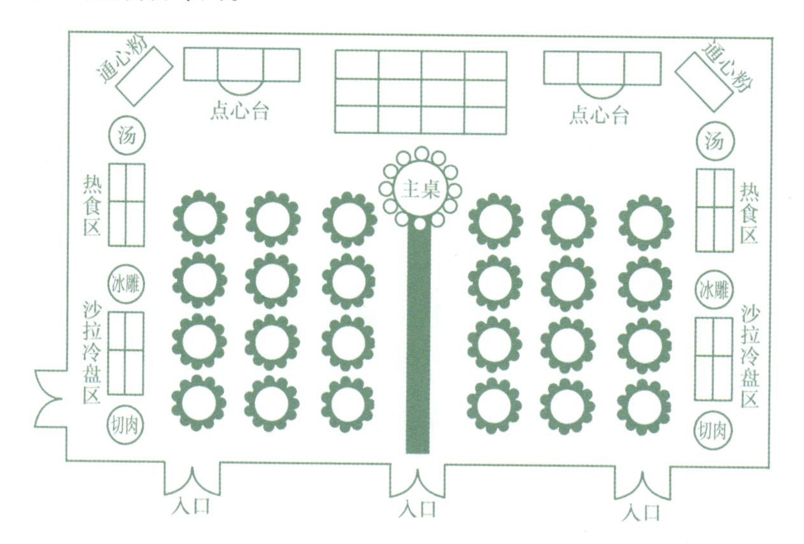

参考文献

[1] 叶伯平 . 宴会设计与管理 [M]. 5 版 . 北京：清华大学出版社，2017.

[2] 王晓强，陈景震 . 宴席设计与配菜制作 [M]. 北京：中国物资出版社，2012.

[3] 周宇，颜醒华，钟华 . 宴席设计实务 [M]. 3 版 . 北京：高等教育出版社，2015.

[4] 沈涛，彭涛 . 菜单设计 [M]. 北京：科学出版社，2016.

[5] 王秋民 . 主题宴会设计与管理实务 [M]. 北京：清华大学出版社，2017.

[6] 周妙林 . 菜单与宴席设计 [M]. 4 版 . 北京：旅游教育出版社，2017.